Mr. Know All

从这里，发现更宽广的世界……

# Mr. Know All

小书虫读科学

Mr. Know All

# 十万个为什么

## 奇妙的树与木

《指尖上的探索》编委会 组织编写

小书虫读科学

THE BIG BOOK OF
TELL ME WHY

作家出版社

**策划出品** 悦读名品 **图片服务** 悦读名品 123RF

树木常伴我们左右，与我们的生活息息相关。我们的世界不能没有树木。本书图文并茂地讲述了奇妙的树与木、树木的组成部分、树木与我们的生活、大自然中的树木、奇树博览、树木与人文等内容。通过本书，读者可了解到树木的种种奇妙之处。

**图书在版编目（CIP）数据**

奇妙的树与木 /《指尖上的探索》编委会编. --
北京：作家出版社，2015. 11
（小书虫读科学 . 十万个为什么）
ISBN 978-7-5063-8472-8

Ⅰ. ①奇… Ⅱ. ①指… Ⅲ. ①树木—青少年读物
Ⅳ. ①S718.4-49

中国版本图书馆CIP数据核字（2015）第279144号

**奇妙的树与木**

**作　　者** 《指尖上的探索》编委会
**责任编辑** 王　炘
**装帧设计** 北京高高国际文化传媒
**出版发行** 作家出版社
**社　　址** 北京农展馆南里10号　　**邮　　编** 100125
**电话传真** 86-10-65930756（出版发行部）
86-10-65004079（总编室）
86-10-65015116（邮购部）
**E-mail:zuojia@zuojia.net.cn**
**http://www.haozuojia.com**（作家在线）
**印　　刷** 小森印刷（北京）有限公司
**成品尺寸** 163×210
**字　　数** 170千
**印　　张** 10.5
**版　　次** 2016年1月第1版
**印　　次** 2016年1月第1次印刷
**ISBN** 978-7-5063-8472-8
**定　　价** 29.80元

# Mr. Know All

**指尖上的探索** 编委会

## 第一章　奇妙的树与木



## 第二章　树木的组成部分

## 第三章　树木与我们的生活

## 第四章　大自然中的树木



## 第五章　奇树博览

一棵树，既可以是一道风景，也可以用来制成桌椅等家具，陪伴我们左右。树木被写进书里，被画在画上，但我们真的了解它们吗？树木的身影多姿多彩，它们的内部构成却十分相似。只要有阳光、水、二氧化碳和其他一些营养元素，一粒小小的种子就可以长成参天大树。树木的生命力是那么顽强，即使在岩石中也可以发芽，即使在荒漠中也可以见到它们的身影。树木与我们的生活息息相关，它们无私地奉献一切，是人类的好朋友。

第一章
奇妙的树与木

## 1. 什么是树木

在大自然中，存在着一个奇妙的树木王国。树木随处可见，我们似乎一眼就能认出它们，但是要具体地说一说，又很难讲清楚树木的结构。

简单地说，树木就是具有木质茎干的植物。这个定义使树木区别于小草这种只有草质茎的植物，也使它区别于蘑菇和木耳等菌类。

树木由树叶、树枝、树干和树根组成。不同树种的叶形、叶色千变万化，丰富了自然界的美丽景观。连接树叶和树干的是树枝。每棵树木都有许多树枝，它们在阳光和微风中伸展着，为人们撑起一片阴凉。树干经过加工可以制成木材，被人们广为利用。除此之外，树木还有一个部位是平时看不到的，那就是树根——树根总是深埋于地下，默默为全树提供生长原料并使树木站得笔直、稳当。

原来，一棵树木竟然有这么多学问在里面！看来，不仅坐在树下乘凉令人心旷神怡，站在树前好好地观察一棵树的构造也是一件很有意思的事。

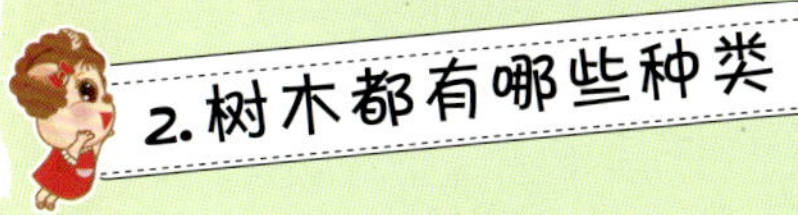

## 2.树木都有哪些种类

大家已经知道树木是什么了，但你知道树木有哪些种类吗？树木种类的划分可是很有讲究的！

根据高低和树干的特征，树木可以分为乔木和灌木。乔木有笔直的树干和广阔的树冠，个头大大的，就像我们常见的梧桐树那样。灌木没有明显的主干，个头也比较小。你知道吗，我们在院子里种的月季花就是灌木的一种。

根据叶片的形状，树木又可以分为阔叶树和针叶树。这种分法很形象，阔叶树一般长着大大的叶片，比如白杨树和枫树，它们的叶子像手掌一样。针叶树一般长着细长的叶子。我们熟悉的松树就是典型的针叶树。松树的叶子可不就像针一样吗？

根据树木在园林中的用途不同，可以将树木分为风景树、行道树、室内装饰树等种类。风景树好比商店橱窗里的模特，在花园的中间栽上一株雪松，我们可以不时地瞧一瞧它优雅的身影，无论是在炎夏还是在寒冬，都令人心情舒畅。行道树就是栽在道路两旁为人们遮阴的树木，远远望去，就像两排站立的士兵，给人一种整整齐齐的感觉。室内装饰树是我们摆在室内的盆栽树。无论是在公园里还是在我们的客厅里，树木都是一道风景。

## 3. 树木的年龄如何计算

每一年，我们都长大一岁，过生日就是我们年龄增长的标志。你知道树木的年龄如何计算吗？从树木外表还真是看不出来，这可真难办！别急别急，大自然是个细心的母亲，她已悄悄地为我们留了线索，只要我们仔细观察，一定会知道如何计算。

树木的树皮和木质部之间有一层细胞，叫形成层，树干就是靠它的分裂逐渐粗大起来的。从春入夏，气温逐渐升高，降水越来越丰沛，树木的形成层中，细胞分裂得又快又多，使得形成层长得较厚，但是质地显得疏松，并且颜色相对较浅。从秋入冬，气温逐渐降低，降水越来越稀少，形成层中细胞分裂的活跃度越来越弱，使得形成层长得较薄，质地紧密，而颜色相对较深。年复一年，树干逐渐增粗，就形成了一圈圈环纹，这就是年轮。知道了年轮的奥妙之后，树木的年龄就不难计算了：我们只要数一数树木有多少圈年轮，就可以得出来它的年龄。

值得注意的是，千万不要认为树干粗的树木就比树干细的年龄大。树干的粗细除了和树木的生长年龄有关外，还和树木所获取的水分和养料有很大的关系，这导致年轮的厚度不同，进而导致树干粗细有差别。

看来，大自然不但聪明仔细，还爱和我们开玩笑呢！

## 4. 树木在夜晚会睡觉吗

人们忙碌了一个白天，到了晚上都要美美地睡上一觉。躺在床上，窗外的大树在微风的吹拂下发出沙沙的声响，那甜蜜的声音既像耳语又像在说梦话。令人不禁会想，树木在晚上会睡觉吗？

睡觉可以让人们恢复体力、养足精神，应对接下来的工作和学习。从这种意义上来讲，睡觉是不可或缺的。树木虽然不走路，不学习，但它的一天也过得很辛苦：阳光好的时候，为了保证自己的生长，树木总要努力地吸收阳光，进行光合作用；下雨了也不能闲着，树叶忙着洗澡，树根则敞开喉咙，大口大口地喝起水来。

到了晚上树木们也会把“工作”抛到九霄云外、美美地“睡上一觉”。其实，树木的休息 “睡眠”，就是控制生命活动量，即停止光合作用，减少水分蒸发，减少能量消耗。

## 5. 绿篱是篱笆吗

在花园里，我们时常能见到由常青树组成的“绿墙”或“绿树丛”，我们称它为“绿篱”。那么，你知道绿篱到底是什么吗？

绿篱是由灌木或小乔木密集种植而成的。因为植株间距小，所以当灌木和小乔木再长些枝叶时，就形成了一道没有空隙的绿墙。又因为绿墙多起到围护和防范的作用，类似篱笆，所以，人们给它起了一个非常形象的名字——绿篱。

除了普通的绿篱外，还有用带刺的灌木种成的刺篱，比如蔷薇花篱；花篱，比如茉莉花篱；果篱，比如金钱橘篱。最值得一提的是彩篱，彩篱由多种叶色的植物交互种植而成，相映成趣，美不胜收，有很好的装饰作用。

绿篱除了起到防护作用外，还可以起到屏障视线的作用，公园里的游乐场、露天剧场和休息场所之间用绿篱隔开，就是为了减少各区域间的干扰。绿篱还可以作为雕塑和花园的背景。有创意的园林师会将绿篱修剪成各种活灵活现的图案，比如双龙戏珠、鲤鱼跳龙门等，既喜庆又有传统意味。

现在你知道了，绿篱不是“漆成绿色的篱笆”，而是一排紧紧相挨的小树——可千万不要望文生义呀！

绿篱

## 6.光合作用是怎么回事

我们每天都要吃饭，因为食物里有我们身体所需的营养。你知道吗？树木也是要“吃饭”的！

树木没有嘴，但是每棵树都有叶子，树叶可以利用植物体内特有的叶绿素，将二氧化碳和水转化为自身生长所需的“食物”，并释放出氧气。树叶的这种功能在生物学上叫作“光合作用”。想一想，植物的光合作用，不正相当于人们每天吃饭的这一过程吗？

最重要的是，光合作用不但造福了植物自身，也造福了人类以及地球上的其他生物。光合作用的原料之一是二氧化碳。二氧化碳是大名鼎鼎的温室气体，全球变暖的罪魁祸首。光合作用会吸收二氧化碳释放出氧气，这样一来就增加了空气中的氧含量，氧气是人类和其他一切动物生存所必需的，没有氧气，所有的动物都会窒息而死。

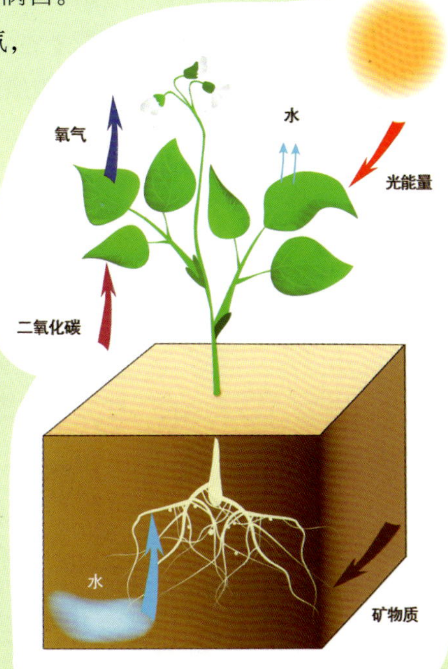


光合作用是一系列复杂的代谢反应的总和，是生物界赖以存在的基础，还是地球碳氧循环的重要媒介。光合作用对于植物而言是一项神奇的功能，对于动物而言也是不可或缺的福利！

## 7. 小桐树的“泪”为什么是蒸腾作用造成的

小时候的一个夏天，我早早地起了床，跑去看院子里的泡桐，发现树底下湿漉漉的，不禁着急地问妈妈：“小桐树是不是生病了，它为什么哭呢？”妈妈解释了好久，我才终于明白，其实地上的水滴并不是小桐树的眼泪，而是树木的蒸腾作用造成的。

树木可以通过自己发达的根系吸收水分。在天气干燥的时候，水分从叶子的气孔中蒸发出来，可以增加空气的湿度。这就是树木的蒸腾作用。在炎热的夏日，蒸腾作用还能减轻叶片因受辐射而温度上升的程度，让大树感觉清爽一些。一株成年树木，一天可蒸发数百千克水，这就解释了为什么干燥的夏天，树林里的空气也是湿润的这一现象。在蒸腾作用下，水蒸气上升，通常会进入高空成为云朵，冷凝后会形成水滴，下落成雨。正是因为树木的这种蒸腾作用，在夜晚，小桐树散发出的水汽还没有上升就冷凝了，发生了液化，变成了水珠降落下来洒在地上。所以，清早一起来，我们就看到了树下湿漉漉的，还以为是小桐树哭了呢！

大自然中有许多奇怪的现象，但是这些奇怪现象的发生都是有原因的。以后，你见了奇怪的事，弄不明白的时候可千万别在心里憋着，一定要多问问其他人。

## 8.假年轮是怎么形成的

大家已经知道树木的年轮可以用来计算树木的年龄了。那么，你有没有听说过“假年轮”呢？

我们都知道一年有四个季节，每个季节都有自己的特征：春天万物开始复苏；夏天，阳光和雨水十分充沛，是植物旺盛生长的季节；秋天一切都走向成熟；冬天，小动物和植物开始进入休眠状态……树木是个守规矩的孩子，它严格遵守大自然母亲的作息时间表，春生、夏长、秋收、冬藏。在这明显的季节变化中，树木一年中会产生一个生长轮，这就是我们常说的树木的“年轮”。

年轮是在树木周期性生长的过程中形成的，一年之内季节的交替变化越是明显，年轮越是清晰明显。但是每一年的季节变化都不尽相同，有的年份风调雨顺，有的年份则可能出现干旱、洪涝甚至气候的“逆反”变化。因而，在一年之中，由于外界气候或虫害影响，树木会出现多次寒暖和叶生叶落的交替。这些因素一块儿起作用，会造成树木生长活动的起伏不均，使得其生长时而受阻，时而复苏。这样一来，在一个生长季节内，树木就会产生好几个生长轮，那些多长出的年轮就叫作“假年轮”。

由于假年轮的出现，计算树木年龄时就没有那么容易了。假年轮和树木的年轮之间的界限并不明显，需要好好辨别。所以如果有假年轮，我们只能大概计算一下一棵树的年龄。

## 9.树木生存必需的条件是什么

我们都知道，氧气、水分、食物是人类生存所必需的。那你知道一棵树要维持生命，所必需的条件是什么吗？有的人或许会想，从一粒小小的种子长成一株参天大树，一定需要很严格的条件和丰富的营养才对，其实，事情并不像我们想象的那么复杂。

记得小时候一年春天，我把一些能吸水的石头，放进花盆里，用水浇湿，再把槐树种子放在细碎的石上，轻轻压紧种子，然后把花盆放在了阳台上。没过几天，种子发芽了，长出了一株绿莹莹的槐树苗。后来再用混有肥料的水来灌溉树苗，虽然没有土，树苗竟然也能茁壮成长。

由此看来，一粒树种，只要给它合适的光照、适宜的温度、水，还有空气（二氧化碳），再加一些肥料，它就可以茁壮成长。如果这些条件能够持续供给，维持树木生长的需要，小树苗就可以一直长成参天大树！

树木真是了不起，长得高高大大的，却只需要简简单单的条件就足够了！

## 10. 树木有什么经济价值

“天生我材必有用。”这里的“材”原义指的就是树木、木材。我们都知道，树木可以遮阳，可供观赏，有的树还能开出芳香怡人的花朵来，这些都体现了树木的价值。那么，请你想一想，树木还有什么经济价值呢？

树干可以做成木材，生产各种家具、木器，这是人们最常想到的树木的经济价值。

一棵树，只要活着就能不断地创造经济价值。印度一位教授曾作过科学的计算，一棵树木，生长50年，可创造的价值内容包括：生产氧气的价值；防治空气污染的价值；保持水土的价值；增加肥力的价值；为牲畜挡雨遮风，提供鸟巢的价值；制造蛋白质的价值，合计超过一百万元人民币。虽然各地的计算方法不尽相同，但是树木的经济价值，由此可见一斑。

看来，虽然伐掉一棵树可以给我们带来木材，而种一棵树，保住一棵树可以给我们带来更多的经济利益！所以我们一定要权衡利弊，莫要因小失大。

## 11. 地球上没有树木会怎样

有没有想象过这样一个世界：太阳像火球一样在天空炙烤着，举目望去地面上竟没有一丝阴凉；忽然风沙大作，尘土飞扬，虽是白天却伸手不见五指；等雨来的时候，肆虐的洪水卷来了泥土和石头，将人类的一切都摧毁了。

这样的一个世界，就是一个没有树木的世界。现在让我们看看，为什么少了树木，生机勃勃的地球会变得像地狱一样呢？

树木最明显的作用就是在炎炎夏日给人们带来一片清凉。要不人们为什么常说“大树底下好乘凉”呢？树木还有防风固沙的作用，如果没有了树，风沙少了阻拦的屏障，就会开始猖獗起来，顷刻之间便可造成飞沙走石之态。树木还能保持水土，如果青山不见、碧水干涸，翠色欲滴的丛林变成一望无际的荒漠，洪灾和泥石流就接踵而来了。粮食减产，房屋倒塌，造成的经济损失不可估量，如果严重的话，会将人类的一切文明全部摧毁也说不定。

由此可见，树木的存在确实关系到整个地球的生态效益。人类毫无节制地毁坏树木，就是毁坏自己的家园。

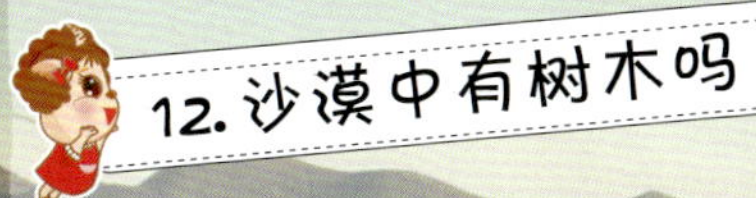

## 12. 沙漠中有树木吗

树木种类繁多，形态各异。有傍水而生的垂柳，有倚山而立的苍松。树木可毁于火。在喷发的岩浆之上，燃烧的地表矿层上，是长不出树木的。那么在一望无际的沙漠中，树木可以生存吗？沙漠是沙漠，绝不是荒漠，大自然母亲可以承受沙漠的荒凉，但无法承受沙漠的无生机、无希望。

卷柏、胡杨、骆驼刺、白杨、棕树，这些都是可以在沙漠中见到的树木。大自然有许多“工艺师”，塑造树木的“艺术师”中最重要的就是气候。由于沙漠中气候极度干旱，土壤十分贫瘠，所以要想在沙漠中存活，很多树木都要有自己的看家本领。

卷柏又名“九死还魂草”，是非洲沙漠中的一种树。因耐旱力极强，在长期干旱后只要根系在水中浸泡后就又可舒展，遇水而荣，重新钻进沙土里寻找水分，故而得名。它的根还能自行从土壤中分离，卷缩似拳状，随风移动，因而被人们称为“会跑的树”。

想要适应沙漠的干旱环境，骆驼刺有一套独特的生长办法。在地面以下，骆驼刺尽可能地向纵深、四周扎根，寻找水分并尽可能吸收。而在地面以上，骆驼刺并不高调，反而谦卑地长得矮小，叶子也长成硬刺的样子，以避免过度蒸腾水分。

还有一些树木生长在沙漠之中，它们平时看起来就像枯树一样，但是，无论隔多久，一旦下雨，这些树就会立刻发芽生长，尽量在雨水被太阳全部晒干以前开花结果，传播种子。也许它们等待了 20 年，仅仅是为了短短几个小时的雨水。沙漠中的树是地球上最顽强的生命之一。

骆驼喜欢吃骆驼刺

卷柏

## 13.海洋中有树木吗

世界上还真有生活在海中的树。红树是一种生长在热带海边的树，中国海南还有专门的红树保护区呢！

其实红树林是一片生机勃勃的绿林，那就奇怪了，它为什么叫红树呢？在热带亚热带地区，一些生长在陆地上的植物，进入海洋边缘后，经过漫长的演化过程，形成了现在的红树林。这种在潮涨潮落之间，受海水周期性浸淹的植物富含一种叫“单宁酸”的化学物质。“单宁酸”在红树被砍伐后会发生氧化，变成红色，所以人们才称它为“红树”。

红树不但名字奇怪，连生活习惯也与其他树不同。它们每年开两次花，春秋季各一次。这种树甚至有胎生现象。红树花谢以后，能结出又细又长的果实。每个果实中有一粒种子。果实成熟后，里面的种子就开始萌发，从母树体内吸取养料，长成幼苗。幼苗长到一定长度后，就脱离母树，利用自身的重量扎入海滩的淤泥之中。几小时以后，就能长出新根。年轻的幼苗有了立足之地，一棵棵挺立在淤泥上面，嫩绿的茎和叶也随之抽出，成为独立生活的小红树。

## 14. 树木在岩石中可以生存吗

屹立在黄山风景区玉屏楼的青狮石旁边的黄山迎客松就是生存在岩石中的树木的典型代表，它是大自然的惊人奇迹，也是能促人奋发、给人力量的石缝中的生命。它之所以能誉满天下，除了它优美的如同张开双臂迎客的姿态，更多的是它在那样严峻的生存环境下表现出的毅力和意志，以及给其他生命以鼓舞和榜样的力量。北京人民大会堂安徽厅陈列的巨幅铁画《迎客松》就是根据它的形象制作的。

曾经在一个摄影展上看到过一棵小树冲破石头，从缝隙里挤出一颗嫩绿的小脑袋的照片，不禁感叹树木生命力的顽强。人有遭遇逆境的时候，树木也一样。一颗种子，没有手，没有脚，根本没有办法自己决定要到哪里生根发芽。树的种子成熟之后，随风流浪，被带到哪里，就只能在那儿落脚。有的种子落在了平原，有的种子落在了水岸，有的就没有那么好运——它可能会落进岩石缝中。令人惊奇的是，落在岩石缝中的种子竟然在岩石缝里发了芽，努力地伸展自己的腰肢。与自己其他的兄弟姐妹相比，它没有松软肥沃的土壤，没有充足的水分，但是它却不气馁——把自己的根扎深一些，再扎深一些，直到寻找到供自己生长所必需的养料。树干一天天增粗，根一天天扎深，最后连岩石都被它击碎了！

看来，不但人们知道在逆境中应该勇敢坚强地同命运做斗争，树木也知道这个道理，而且它们的表现在有的时候连人类也要向它们学习呢！

# 15. 南极和北极有树木吗

树木真是无处不在，海洋中，沙漠中，连岩石中都有树木的身影，可能有人忍不住要问了，在极其寒冷、常年冰封的南极和北极有没有树木呢？

一片大陆要长树需要具备怎样的条件呢？适宜的温度、含有养分的土壤、水和空气是不可或缺的。南极和北极都已经有了人类的足迹，两极空气质量都很好，水资源当然也极其丰富。南北两极气温都很低，到处被冰雪覆盖。在这种气温条件下，只有少数极其耐寒的苔藓类植物能够勉强维持生存。南极和北极都没有适宜树木生长的气温。此外，北极常见冰封的海洋，而南极仅有厚厚的冰层和冻土，它们都缺乏树木生长所需要的适宜土壤，因而都无法长树。

现在我们知道了，地球上的南极和北极很难长出树木。

北极熊

南极企鹅

树由树冠、树干和根系组成。这三部分是不可分割的整体，其中一部分受到损害，整棵树都会受到影响。树冠通过光合作用制造有机物，供给枝、干、叶、花、果、根的生长需要；树干就像人们的“血管”，将水和各种矿质元素，从土壤送上树冠；根系是树木的“双脚”，让树站得稳固，又相当于树的口腔，不停地从土壤中吸收水和矿物质。

# 第二章 树木的组成部分

## 16. 树叶有什么用

片片树叶，长在树上是一抹绿意，映在地上是一片阴凉。它们从不哗众取宠，而是默默无闻地衬托着鲜花的娇艳。一棵大树上有成千上万片叶子，你知道它们都有哪些用处吗？

首先树叶可以进行光合作用，吸收二氧化碳，制造氧气，并且可以制造树木生长所需要的营养。除此之外，树叶还有净化空气中的灰尘和毒素的作用。树叶长在树上，不停地工作，等飘落到地上，也并非一无是处——树叶腐烂后或燃烧后，埋在地下可以作为各种植物的营养来源，这就是我们常说的“落叶归根”。树叶还是好多动物的食物，它们吃树叶就像我们吃米饭，是少不了的。有些树叶还有治病的效果，比如说，柳树叶有清热解毒、去湿消肿的功效，可以用于治疗感冒和咳嗽。

在四季分明的地区，春夏秋冬，落叶树树叶通常有不同的形态：春天是嫩嫩的小芽，夏天是平展展的叶片，秋天是或红或黄的叶色，冬天树梢上则没有了树叶的踪影。因此，人们可以通过树叶的状态来判断现在是什么季节。

树叶竟然有这么多意想不到的用处！看来，小小树叶还真是不简单呀！

## 17. 树木一年四季有什么变化

在一年四季中，树木严格按照大自然母亲的作息表安排自己的活动，不同的季节，你会看到不同的树。

春天，大树带着倦意从冬眠中醒来，吐出一枚枚鲜绿的嫩芽。好多树不但长出了嫩芽，还开了一树的花，把春天装点得更加生机盎然。夏天，树叶完全伸开了腰身，开始变大、变绿，此时雨水充足、阳光丰沛，树叶要努力工作了！那些开花的树也脱去了花衣服，在枝头挂上了一颗颗青青的小果子。秋天来了，树上结满了甜美的果实，看得人心里喜滋滋的，遗憾的是，过不了多久，那一树绿叶就会慢慢变色，或黄或红，最后全都脱落。冬天的时候，大树穿上了白色的大衣，看起来非常美丽，只有松柏类树木、樟树、万年青、茶花树、桂花树、冬青、大叶黄杨、小叶黄杨等四季常绿的树木仍旧保持一片碧绿。

树木这样变来变去可是有自己的考量的！它们根据自身的情况，合理地选择作息时间，健健康康地长成了一株株大树。

树干截面图

## 18.树干的内部结构是怎样的

树干是树木十分重要的组成部分，就像人的躯体连接着四肢一样，树干连接着树枝和树根。树干能起到在树根和树冠之间运输养料的作用，多亏了树干，一棵树才可以长得高大茁壮。树干又粗又圆，还包着一层粗糙的皮，真是其貌不扬，那它是如何工作的呢？其实，树干内部独特的结构在这方面起了十分重要的作用。

树干可以分为五层。第一层就是我们看到的包裹在外面的粗糙的树皮。树皮是树干的表层，相当于人类的皮肤，可以保护树的身体，防止病虫入侵。树皮的下面是韧皮部。这是一层纤维质组织，可以把叶片进行光合作用合成的营养物质运送下来，以供树体的生长。第三层是形成层，这一层虽然十分薄，但对一棵树的生长而言却十分重要，因为树体所有的细胞都来自形成层。树的年轮的形成和形成层的周期变化有关。树干的第四层是边材，这一层中的木质部和韧皮部的运输方向相反，它主要负责把水分从根部输送到树体各处。树干的最里层就是心材，其实心材就是边材老化而成的，边材和心材二者合起来称为木质部。树干绝大部分都是心材。

树干真是深藏不露，外表看似简单，其实内部却大有学问。

## 19. 大树的细胞与动物细胞有什么不同

我们都知道好多动物是通过食草来维持自身的生命的，而大树则是通过自身的光合作用和吸收养分维系自己的生长。动物和大树拥有完全不同的生存战略，这一切都是由两者细胞间的差别造成的。

大树最鲜明的特点就是拥有成千上万片叶子，这些叶子可以吸收二氧化碳和水，进行光合作用，合成大树生长所需要的养分。这是因为大树叶片的细胞中含有叶绿体这种植物细胞中特有的细胞器，但是动物细胞中是没有叶绿体的。深埋在地下的树根也没闲着，树根不停地吸收营养和水分，以供树木的生长。树根之所以可以承担这份责任，是因为它的根尖上存在许多呈球形的液泡。动物细胞是没有液泡的，这是动物细胞和大树细胞的第二点区别。最后一点区别是，动物细胞没有细胞壁，而大树细胞有细胞壁。细胞壁可以起到维持植株的固有形态的作用。所以动物和大树看起来才会那么不同。

这就是大树细胞和动物细胞的三点不同之处，它们共同起作用，决定了大树与动物生存方式、活动方式的不同。

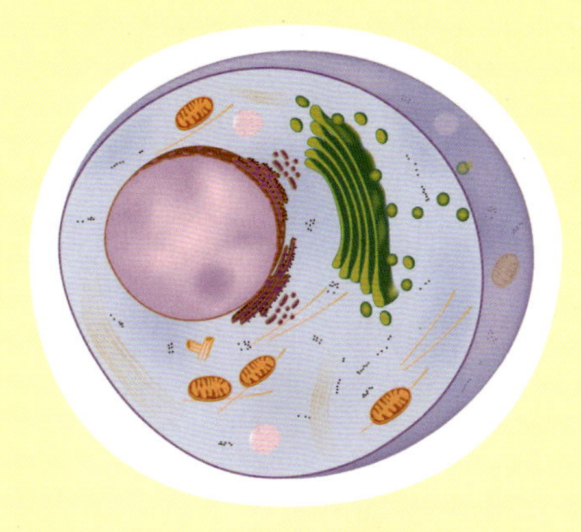

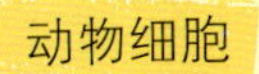

动物细胞

植物细胞

## 20.所有的树都开花结果吗

我们在生活中见到的好多大树都可以通过自己的种子传播后代，但是，所有的树都开花结果吗？

裸子植物是地球上最早开始用种子繁殖后代的植物，这一类植物之所以能够在地球上一直生存下来，就在于其用种子繁殖这种优越性。它的名字是由“裸露的种子”引申而来的，因为这种植物的种子一出生就裸露在外头。被子植物的花是生殖器官，花凋谢后，就会结出果实。裸子植物和被子植物都是比较高等的种子植物，可以通过开花的方式结出种子。但是数量众多的孢子植物都不开花，而是通过分裂孢子繁衍，比如各种藻类、菌类、苔藓和蕨类植物。虽然大多数树木都属于裸子或被子植物，但是事实上并不是所有树木都开花。有一种叫“桫椤”的蕨类植物，它虽是树的一种，但是却靠孢子繁殖，不开花也不结果。

我们平时所见的柳絮，其实就是柳树的种子；无花果树也并非不开花，只是它的花被肉球包裹着，不容易看到而已。大自然经历了千万年的变化，现在，地球上除了极少数的“远古”树种外，大多数树木都是可以开花结果的。

## 21. 合欢树为什么在晚上会合上叶子

小时候，有一次，我和爸爸晚饭后散步回家，无意中发现大路旁的合欢树好像和白天的时候不太一样。借着路灯仔细瞧瞧，才发现合欢树的叶子全部向下垂，好像被暴晒过后似的，全都蔫了。它们成对地合拢在一起，就像一把长齿的锯子，而白天它们却是很舒展的，像一片羽毛。我心想这棵树一定是病了。翌日清晨，我满怀同情地跑出院子去看那株“生病”的合欢树。却发现昨晚合拢的那些叶片又重新张开了，左边一片，右边一片，一排排整齐有序地排列着，显得朝气蓬勃，十分有精神。这可真奇怪，难道合欢树会自己治病不成？

爸爸告诉我：合欢树的叶子和含羞草很像，但是合欢树不像含羞草那样爱“害羞”。不过合欢树有个习惯：白天张开叶子，晚上会合上叶子。其实呀，这是因为合欢树在“睡觉”！

原来，合欢树在夜晚合拢叶子，是一种“睡眠运动”。其实还有许多植物有这种明显的“睡眠运动”，例如花生、大豆等。它们的叶子在白天迎风舒展，晚上就成对地合拢起来，这样做既有助于叶片休息，也可以防止水分流失。

合欢树真聪明，在晚上把叶子合起来，就像我们睡觉时闭上眼睛一样，这样就可以不受外界的打扰了，所以就休息得更好！

夜晚睡眠着的合欢树　　白天的合欢树

## 22. 树枝对树木的成长有什么作用

我们都知道树木要生长，有两种获取营养的方式，一是光合作用，二是从土壤中吸收水分和养料。前者是树叶的功劳，后者是树根的成就。那么，一棵树上长了那么多大大小小的树枝，树枝到底有什么作用呢？

树枝就好比人的胳膊，也好比鸟类的翅膀。只有许许多多的树枝均匀地向四面八方分布，才能使树冠呈现出一个漂亮的伞状，以便保持树木的平衡。树枝向外伸展，还可以使枝头的绿叶接触到更多的阳光，以便进行光合作用。你可以想一想，如果一棵树只有树根、树干、树叶的话，会是个什么样子？

另外，树枝还是连接树叶和树干的媒介。树枝可以把树根获得的水分和养料输送到枝头，保证树叶的生长；还可以将叶片通过光合作用制造的养料输到树干上，保证树干长得粗粗壮壮的。这对于一棵树的生长而言，真是太重要了！

树枝虽然不生产制造养料，但是却担负着传输和中介的责任。

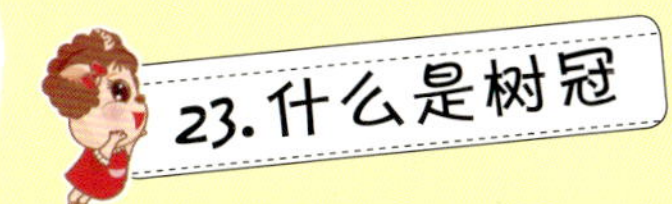

## 23. 什么是树冠

我们在看一棵树的时候，总是先看到它庞大碧绿的树冠。对于一棵树来说，树冠的地位的确不容忽视，那么你知道什么是树冠吗？

树的组成部分中，位于地下的是树根，位于地上的包括主干和树冠两部分。从根部往上到第一个分枝的部分叫主干。主干以上的部分就是树冠，因为它的形状就像一个大大的帽子，古人把帽子叫作“冠”，所以植物学家想出了这么一个非常形象的名字。树冠主要由树枝以及数不清的叶子组成，树枝向四面八方延伸，树叶则填充枝干间的缝隙，使一棵树的树冠看起来绿油油的。正是这一井井有条的生长方式使一棵树可以尽可能多地长枝长叶，增强了树木进行光合作用的能力，也增强了树的生命力。庞大的树冠默默迎击着风雨，阻挡着沙尘，吐露出新鲜空气。

树冠不但对大树而言是不可或缺的，对于其他小动物甚至人类而言，也十分重要。没有树冠，小鸟要在哪里筑巢，鸣蝉要在哪里歌唱？树冠就像一把绿伞，在炎热的夏天还能为人们遮出一片阴凉。

## 24. 树洞是怎么形成的

童话故事《皇帝长了驴耳朵》里讲到一个国王长了一对驴耳朵，每个给他理发的人事后都会忍不住告诉别人，结果因此被砍头。有一个理发匠把这个秘密藏得好辛苦，终于在快憋不住时，就在山上对着一个大树洞说出了这个秘密。从此只要将这树上的叶子放在嘴边一吹，就会发出“国王有驴耳朵”的声音。

《皇帝长了驴耳朵》这个童话，给树洞染上了一层神秘的色彩，你知道树洞是怎么形成的吗？树洞形成的原因有很多种，我们现在简单说说几种有代表性的。由于虫蛀或者受到其他损伤，有些树会逐渐长出树洞。有的树洞长成了空心，但树仍活着。

有许多树洞的形成是那些穴居动物的杰作。这些动物会在树木主干的松软处挖出一个树洞，作为自己的隐居之所。以树洞为家的动物有很多，小个头的有松鼠，大个头的有狗熊。当然，它们在选树木的时候，要根据自己的个头好好看看哪棵树合适。还有一些树到年老时，树心会自然死去腐败，无法再生，于是形成了树洞。另外，有些寄生类植物，会缠绕着其他树生长，到了一定时间，会杀死内部的植物。内部的植物一死，成型后的树内部就成了空的，这也会形成树洞。

看来，树洞的形成是有很多原因的。如果有一天你在树干上发现了一个树洞，能仔细观察观察看它是怎样形成的吗？

## 25.树皮有什么用

树木有绿油油的树叶，英姿飒爽的身姿，这一切都令人赏心悦目。只是树木的皮肤就没那么可人了，既坚硬，又粗糙，黯淡无光，总之不怎么好看。但是，树皮如果毫无用处的话，树木干嘛出力不讨好长一层树皮呢？看来，树皮一定有十分重要的作用！

树皮除了能防寒防暑防止病虫为害之外，还可以帮助树木运送养料。树皮中的韧皮部组织，里面排列着一条条管道，叶子通过光合作用制造的养料，就是通过这些小管子运送到树木其他部分的。有些树木中间已经空心，却仍然生机勃勃，就是因为树皮能够输送养料，保证树木的生长。俗话说：“人怕伤心，树怕剥皮。”如果树皮被破坏，新树皮尚未长出，树根由于得不到养分而死亡。知道了这些，我们见到有人在树上乱刻乱画，特别是剥树皮时，应该进行劝阻，自己当然就更不应该那样做了。

现在还发现，树皮不仅可以吸附环境中的许多有毒物质，而且是一位优良的大气监测员，我们可以从历年树皮吸附的有毒物质来监测大气污染的情况。从生活应用方面看，树皮还是个“宝”呢。树皮是制作人造板材、木砖、化工品、肥料的原料，白杨的树皮还可加工处理成为饲料喂养牲畜。了解中医的人可能听说过杜仲、柳衣等药名，其实它们就是不同树木的树皮，可以治病。

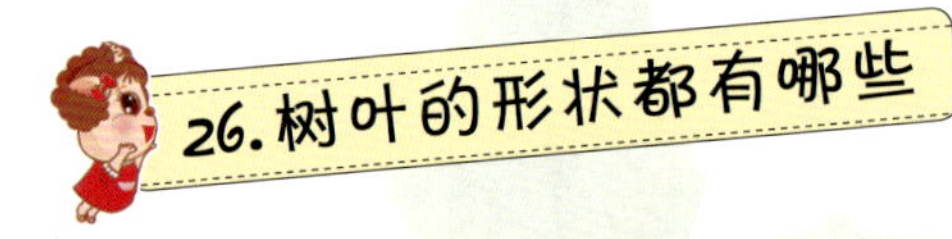

# 26. 树叶的形状都有哪些

你知道树叶都有哪些形状吗？

每种树的叶子都有不同的形状，总体上可以将树叶的形状分为阔叶和针叶。白杨的叶片宽宽大大的很像手掌，属于阔叶；松树叶又细又小，是典型的针叶。见过银杏树的人一定知道，银杏树叶由叶片和叶柄组成，整体看起来，就像一把扇子。到了秋天，叶子渐渐地凋落，微风一吹，飘然而下，就像一只只可爱的蝴蝶互相追逐嬉戏。银杏树叶像扇子，所以叫扇形叶。枫树叶像红色的手掌，边缘都是小的锯齿，所以叫掌形叶。槐树叶形状像一个个小小的椭圆，它们整齐地排列在叶柄上，像赛龙舟时分列在舟两旁的桨，是一串一串的。由于这种叶子对称而生，又呈羽毛状，因而叫作羽状复叶。

每种树都会根据自己的需要长出不同形状的叶子，阔叶可以帮植物多多吸收阳光和二氧化碳，针叶则可以帮助植物在冬日减少水分的蒸发，存储力量过冬。树木是聪明的，它们选择的叶片既显示了自己的特点，又符合自己的实际需要！

各种形状的树叶

## 27. 松树的叶子为什么像针一样细

细心的人一定会发现，松树的叶子不像梧桐、白杨那样又宽又大，而是小小的，像绣花针，不小心碰一下还扎手呢！长一树又大又圆的叶子，风一起可以鼓鼓掌，那多好玩多热闹啊，为什么松树要长一树的“针”呢？

松树长针状叶的好处之一就是更能适应艰苦环境。

松树不仅在岩石中，甚至在极为寒冷的环境下也能生存。尤其是在冬天，阔叶树木都脱去了绿装，准备过冬的时候，松树仍然一片苍翠。这就要归功于那一树针形的小叶子！针状叶比阔叶表面小许多，可以减少水分蒸发，耐旱抗风。

松树并不像别的树木那样一年换一身新衣服，松叶寿命长达 3 ～ 5 年，新老叶缓慢更替，所以外表看起来，松树就像多年只穿一件衣服一样。

## 28. 枫叶到秋天为什么会变红

众所周知，加拿大因为境内遍植枫树而被称为“枫叶之国”，其国旗、国徽上都有枫叶的标志，国树就是枫树。北京的香山、南京的栖霞山、苏州的天平山和湖南的岳麓山，是中国著名的四大赏枫胜地，每年秋天，大片大片的枫树叶换上红衣，如火似锦，极为壮美。徜徉在这红色的世界里，使人情不自禁醉倒在大自然的炫丽色彩之中。但是大家想过没有，为什么很多树秋天换上了黄衣服而枫树却换了一身红衣裳呢？

原来啊，树的叶子里除了含有叶绿素外，还含有其他色素，如花青素、类胡萝卜素等。这些色素在春、夏季小心翼翼地隐藏在叶片内，只是显露不出来而已。到了秋季，光照减少，土壤也变得干燥了。树木经不住低温的影响，产生叶绿素的能力逐渐降低甚至消失，同时叶绿素被大量分解，输送养料的能力也减弱了。于是叶子里的养料就分解成了葡萄糖，而葡萄糖又有利于花青素的产生，于是花青素就成倍成倍地多了起来。花青素遇到酸性物质会变成红色，而枫树的叶子中有酸性物质，所以枫叶长到秋天就会变红。

如果大家有机会去看红色枫叶的话，可别只顾着欣赏，我们还得想一想，到底是什么造就了这一令人赞叹的奇观呢？

## 29. 树根的作用是什么

树木有一头碧绿的叶子，好多舒展的树枝，还有一根挺拔的树干。大家知不知道，在构成树木的部位中，还有一位神秘“人物”没有登场——那就是树根！你或许要问了，树根大多常年埋在地下，很少露面，这位“幕后工作者”到底有什么用呢？

我们人类之所以可以稳稳当当地站在地上，是由于有一双脚。树木也一样，只有把根深深地扎进土壤里，才可以抵抗风雨的侵袭，站得直直的。除此之外，树根还有吸收水分和无机盐的作用。通过树根吸收的营养，再加上通过叶片的光合作用形成的营养，它们一起供给树木生长的需要。如此看来，树根对树木的生长的确重要，又当“脚”又当“嘴”，担任着十分重要的角色。其实，即使在人们的生活中，树根也有不可忽略的价值。在中药领域，很多树根都是很好的药材；另外，喜欢根雕的人一定知道，很多奇异的艺术品就是用树根雕成的！

看来，树根真是一位默默无闻的英雄！

## 30. 无花果树真的没有花吗

我们都知道，植物多是先开花后结果，但是见过无花果的人都知道，它没有开花就结了果实——那么无花果真的不开花吗？

“看似无花却有花”的植物有好多种，无花果就是一个典型的例子。但事实上，无花果不仅有花，而且有许多花，只不过人们用肉眼看不见罢了。我们吃的无花果，并不是无花果真正的果实，而是它的花托膨大而成的肉球，无花果的花和果实都藏在那个肉球里面，所以从外表上看不见无花果的花。如果把无花果的肉球切开，用放大镜观察，就可以看到内有无数的小球，小球中央有孔，孔内生长着无数绒毛状的小花。“无花果”这个名字只是粗心的人不小心犯的错罢了。

事实上，在植物王国中像无花果这样未见开花就结了果实的还有橡皮树、榕树、菩提树等，它们都是有用的植物。这些“无花果”只是不像其他花一样，开花结果能让人看到。它们的花开在果子里面。

无花果树

## 31. 紫薇树"痒痒树"名号的由来

紫薇树是住宅小区、道路花园里常见的树。紫薇树开花时间长，有"盛夏绿遮眼，此花红满堂"的美誉。听了这些介绍大家一定觉得紫薇树是一种"落落大方"的树，不过，紫薇树有一个特点非常奇怪——它的枝干被触碰到，它便会左右摇摆。就因为这些，它又有"惊儿树""痒痒树"之称。紫薇树为什么那么怕痒呢？

你用手轻轻抚摸紫薇树，它就会花枝乱颤地摇动起来，像个怕痒的小姑娘。其实呀，紫薇那么怕痒，全是紫薇树的激素在搞鬼。每种植物对外力的感受都是通过体内的激素完成的，但是只有植物激素的影响可以达到这种程度吗？日本一位科学家通过实验证明，紫薇树的细胞由一种细小的"肞动蛋白"所支撑，这就是紫薇树"怕痒"的最主要原因。人们一触碰到它，肞动蛋白就会散开，使紫薇树产生抖动的动作。肞动蛋白一般存在于动物的肌肉纤维里，关乎肌肉的伸缩，没想到它也存在于紫薇树体内，这可真是罕见。

北方人叫紫薇树为"猴刺脱"，是说年年脱皮，树身太滑，猴子都爬不上去。紫薇树的表皮每年都会自行脱落，树干看起来光滑明亮。"怕痒"就算了，竟然还没有树皮，紫薇树可真是树木王国里一种特立独行的树啊！

## 32. 迎客松的身姿是如何形成的

去黄山旅游，一定不能忘了去看看黄山的迎客松。它雍容大度，姿态优美，是黄山的标志性景观。你知道迎客松的奇特身姿是如何形成的吗？

黄山气候奇特，强劲的风长年吹着山上的松树枝、叶，使其扭曲或螺旋状生长，背风面枝叶比迎风面长得茂密，看起来像旗帜形。另外，山上土壤很少，松根扎得很深，在不同的条件下，松树长成了各种奇特的姿态，所以黄山上的奇松特别多。除了气候方面的原因外，生长位置也是造就迎客松姿态的重要原因之一。迎客松位于玉屏楼左侧，倚狮石破石而生，根大半长在空中，像须蔓一般随风摇曳着；而它的枝干也只能向着山壁的另一侧生长，因此形成了“双臂垂迎天下客”的姿态。

迎客松已蜚声中外，成为中华民族热情好客的象征。迎客松作为国之瑰宝，是当之无愧的。如果大家在哪里见到迎客松画，不要只顾着欣赏它优雅的身姿，一定要好好地想一想，这奇特的身姿是如何形成的。

清奇的迎客松

## 33. 为什么会产生“四月雪”的现象

四月的一天早晨，我推开窗子，发现路旁、墙角、花园里积了一层薄薄的白东西，忍不住大叫：“哎呀，下雪了！”可是不对呀，一点儿也不冷，再说了现在可是四月份，怎么可能会下雪呢？去看个究竟，才发现那根本不是雪，而是毛茸茸、轻飘飘的一种絮状东西。原来，这是杨树和柳树的种子！

植物没有手脚，不能亲自将自己的宝宝送出家门，让它们选择生长的地方。但是杨树和柳树妈妈可是很有办法的，她们让风阿姨来帮忙。杨树，柳树的花序长得像毛毛虫，种子上有白色茸毛，等到成熟时从枝头脱落，四处飘飞。这就是我们平时说的柳絮、杨絮。正是因为杨柳拼命地散播自己的种子，所以才在这绿意盎然的四月下起了一场“雪”。“四月雪”是很美的景观，常常被中国古代的诗人当作歌颂的对象！

“梨花淡白柳深青，柳絮飞时花满城”是宋代大诗人苏轼的诗句，它描绘了人们对柳絮的喜爱与赞美。相信你也一定很喜欢这些可爱的小东西。但是，再在四月看到满天飘飞的小“雪”花，可千万别把它们当成雪了，这些是杨树和柳树的种子！

## 34. 冬青树“冬青”的秘密是什么

冬青树枝叶茂密，树形整齐，历来作为城乡绿化和庭院观赏植物。冬天来了，很多的树木脱去了绿衣，变得光秃秃的，然而冬青树依旧一身葱绿还结着一串串红艳艳的果实，显得很漂亮。你知道冬青树“冬青”的秘密吗？

如果摘下一片冬青树的叶子，对着阳光看，你会发现它的脉络竟然是一个套着一个的心形，真的很可爱。除了可爱之外，冬青树的叶片还有一个特点，那就是叶片表面有一层蜡质，摸上去肉肉的滑滑的。这层蜡质可以帮助冬青树抵御严寒的侵袭，还可以在冬天减少体内水分的蒸发。既“保暖”又“保水”，这样一来，冬青树穿着一身绿衣过冬就不成问题了！

冬青树的花语是生命。这种树的果实，具有在整个冬季都不会从树枝上掉下来的特性。当鸟儿饥饿难忍时，冬青树的果实正好成了救命的食物。冬青树真是树木大家庭里一位了不起的成员，它既坚强又美丽，招人喜欢。

冬青树

## 35. 香樟树的香味有什么用

香樟也就是“芳樟”，这是因为它的根、枝、叶、木材能散发出一股奇异的香味。你知道香樟树发出这种香味有什么作用吗？

樟树有一种特殊的香味，这种香味可以驱虫，保护香樟树健康茁壮地成长，根本不需要园丁给它喷洒农药。香樟树还能吸烟滞尘，可以净化人们的工作和生活环境，因而成为道路和工厂里最常种的树。香樟树的木材因含有特殊的香气和挥发油，以及抗腐、驱虫的特点，是名贵家具、高档建筑、造船和雕刻等理想的材料。樟脑大家一定都不陌生吧？日常生活中常用的樟脑丸就是由香樟树的根、茎、枝、叶经蒸馏等一系列工艺而制成的白色晶体。樟脑无色透明、有清凉香味，用于防蛀，广泛应用于医药和化学工业。樟脑还是中国传统的出口商品，每年都可为国家带来不小的经济效益。

看来，香樟是一种浑身是宝的树啊！

香樟树

## 36. 楝树的花为何散发出苦味

楝树花小小的，很不起眼，而且在开花的过程中一直散发着一种怪怪的苦味。正因为如此，可能有人不大喜欢楝树。但是楝树花散发出苦味，可不是为了招人们嫌的，楝树花的苦味可是很有用的哦！

楝树在印度被誉为“神树”，在欧美国家被誉为“健康之树”。人们爱在庭院、工厂、路旁甚至宾馆的室内栽种楝树。随着汽车的普及和工厂的增加，有害气体（特别是二氧化硫）已肆无忌惮地侵入了我们的生活之中。这些有害气体不但侵蚀着我们的身体，也破坏了我们的生活环境。而楝树的苦味对二氧化硫有超强的净化作用。炎夏和寒冬人们都习惯于躲藏在有空调的屋里，却忽略了封闭的环境正是细菌、病毒滋生的乐园。楝树的苦味可以吞噬和杀死多种细菌、病毒，有效地将流感拒于门外，给人们一个健康安逸的生活环境。夏天人们总是受蚊蝇叮咬之苦，你知道吗？蚂蚁、蟑螂、蚊、蝇这些小虫闻到楝树的苦味就不敢靠近了。如果你身上被蚊虫叮咬了，只需摘几片楝树叶揉成汁涂抹于患处，即可以止痒、消炎……这一切真是太神奇了！

这就是楝树要发出苦味的原因。看来不仅良药苦口，“良药”还有“苦味”呢！

## 37. 猴面包树的枝干为什么那么粗

猴面包树树干呈桶状，高18米，直径可达9米甚至更粗，被认为是世界上可以长得最粗的树。一棵树长得那么胖，真不好看！猴面包树的树干为什么能长得那么粗呢？

猴面包树生活在非洲的热带草原，那里一年中干旱的时间长达八九个月。它们呀，是为了适应环境才长那么粗的树干的。猴面包树的树干“外强中干”、表硬里软，木质非常疏松，像多孔的海绵，这种木质最利于储水了。猴面包树有独特的“忍痛割爱法”和“吸水大法”：面对旱季，猴面包树会快速地让枝顶的尖叶都脱落，以避免过多的水分蒸发。熬过旱季，雨季来临，猴面包树会想方设法储存水分。它松软的木质，像海绵一样可以大量吸收并储存水分。想一想吧，它粗大的身躯，能储存多少水分啊！当体内的水量充足，猴面包树还会再把叶子长出来，当然长得很节制，只在枝顶长一些暗绿色的叶子。多亏了那个大“啤酒肚”，猴面包树才能储几千千克水，简直可以称为荒原的“储水塔”了。当猴面包树吸饱了水，便会长出叶子，开出大朵大朵的白花。值得一提的是，猴面包树曾为很多热带草原的旅人提供了救命之水，解救了因干渴而生命垂危的旅行者，因此又被称为“生命之树”。

猴面包树

看来，胖身材可是猴面包树生存能力强的标志哦！

## 38.橡胶树为什么“爱流泪”

橡胶树在印第安语中的意思是“流泪的树”。我们都知道，割胶工人每次拿着一把弯刀在橡胶树上割出一条倾斜的割线，然后在割线的末端下方放一只小碗，过不了多久小碗就满满的了。有的人就纳闷了，橡胶树长得粗粗大大的，看起来很壮实，却为什么那么“爱流泪”呢？

橡胶树“爱流泪”真的是脆弱的表现吗？如果你这样想，那可就大错特错了！我们都知道，气候是大自然最伟大的“造型师”。橡胶树生活在热带，那里阳光、雨水都十分充沛，因此橡胶树都长有又大又绿的叶片。事实上，不但橡胶树的叶片中含有很多的水分，橡胶树的树皮中也是“水汪汪”的。橡胶树落在碗里的牛奶一样的白色“泪水”就是橡胶树的“树汁”。橡胶树的树皮里富含胶乳，天然橡胶就是由这种胶乳经凝固、干燥制得的。橡胶是工业生产的原料，具有很高的经济价值。这就是马来西亚等这些热带国家总是大片大片地种植橡胶树的原因。

你们知道了这些知识，再说橡胶树“爱流泪”，它可就不同意了！

橡胶树林

青翠的光棍树

## 39. 光棍树为什么不长叶子

这个世界上，有一种有趣的树，一年到头树上只是一些光溜溜的绿枝，不长叶子，因此人们叫它“光棍树”。不长叶子也叫树吗？这可真是太奇怪了！还是先让我们弄清楚这“光棍树”为什么不长叶子吧！

光棍树还有两个比较诗意的名字——“青珊瑚”和“绿玉树”。它的树姿别具一格，直立、光秃，枝条为绿色、圆棍状，叶子很小，不注意根本看不见，而且往往早就脱落了。其实，光棍树之所以长成这样，全都是由它所在的环境决定的。光棍树生活在热带的干旱地区，那里雨水很少，非常缺水。为了避免水分蒸腾，它们的叶子就逐渐变小，直至几乎看不见了。这样，可以减少体内的水分蒸发，大大节省用水。为了制造有机质而能生存下去，它的树枝就变成了绿色，以代替叶子进行光合作用。可见，光棍树的这种有趣特点，是为了适应严酷的自然条件和生存环境，从而逐渐形成特殊的抗旱本领。

光棍树之所以是光秃秃的，是它们为适应严酷的环境，经过长期演化的结果。光棍树也是挺聪明的一种树，不是吗？

树木是人类的伙伴，人们根本离不了它们。夏日，人们在树下乘凉，冬日，人们用柴枝取暖。有些树木的花或叶还成了人们桌上的美食，根或皮甚至成了医治疾病的良药。好好地处理人与树的关系，可以使两者互相促进，相得益彰，和谐融洽地发展。

# 第三章 树木与我们的生活

## 40. 树木是怎样防止沙尘暴的

春天一来，冰雪消融，万物开始复苏，一切都显得那么美好，美中不足的就是沙尘暴这个“捣蛋鬼”又开始“恶作剧”了。我们都听说过树木有防风固沙的本领，那么你知道其中的原因吗？树木到底是怎样做到这一点的呢？

树木在防治沙尘暴方面可以说是“标本兼治”。先说说“治标”。树木枝多叶茂，具有减缓风速的作用。如果树木足够稠密，足足可以降低50%的风速。想想看，大风被树木阻挡后就变成小风了，这可小窥不得。树木还是粉尘过滤器。当含沙量大的气流通过树林时，沙尘撞在树上就不能再前行了，会迅速下沉。有些树木的树叶上长有细小的绒毛，还有一些甚至能够分泌出油脂，它们能把沙尘黏在身上，从而使经过树林的气流含沙量大大降低。风小了，沙少了，沙尘暴当然就不再张牙舞爪了。既“治标”又“治本”才算得上好医生，我们的“树大夫”就是如此。现在让我们看看树木在防治沙尘暴方面是怎么“治本”的。树木有涵养水土的功能，只有土壤保持湿润，得到固定，才不会大量流失。水土流失是造成土地荒漠化的罪魁祸首，水土得到保持，沙漠就不会扩展了。想想看，如果荒漠全被树林覆盖，大地一片葱翠，又哪来的沙尘暴呢？

要想杜绝沙尘暴，我们要做的不能只是种树，还要用心保护每棵正在生长的树木——因为作为“医生”，它们正在尽着自己的职责呢！

## 41.树木为什么可以调节气温

有人做了一个统计，城市绿地面积每增加10%，当地夏季的气温可降低1℃。常言道："大树底下好乘凉。"那让我们看看树木这个绿色"空调"是怎么调节气温的吧！

树叶可以通过光合作用吸收二氧化碳，释放氧气。二氧化碳是大名鼎鼎的"温室气体"，空气中二氧化碳的含量过高，温度势必会上升。树木将二氧化碳吸进肚里，气温自然就下降了。另外，树木还有一个了不起的本事，那就是树叶的蒸腾作用。树木体内的水分子不停地跑出来，根据我们物理上学的蒸发吸热原理，这也可以起到降温的作用。想一想，在炎炎夏日如果有人朝你脸上喷一些水，一定觉得凉凉的，对不对？这也是蒸发吸热的缘故。还有一点就是，大量种植树木，可以减少城市中楼体、水泥路这种"超级吸热体"的裸露面积，降低它们吸热的"能力"。这就好比给城市撑了一把绿油油的小阳伞，当然就凉快一些了！

这么一解释，就不难理解为什么暑假的时候，有的人喜欢跑到农村去消夏，有的人去山林地区。那些地方绿化面积明显高于城市，所以就自然比城市凉快了。依此看来，想要给咱们的城市降降温，不只是多洒水而是要多种树。

## 42. 挑选室内盆栽树木为什么要注意是否耐阴

室内装修设计师对室内盆栽树通常有一种莫名的好感，在设计室内装修效果图的时候常常不忘在场景中放上盆栽树木装饰。设计师之所以这么做，完全是为了投人所好。大家都越来越喜欢在室内种植盆栽树木。

在挑选室内盆景树的时候，一定要注意：尽量挑选那些耐阴的树木，因为室内的光线要比外界相对暗一些。那些不耐阴的树木，一旦被搬进室内，过不了几天就会变成亚健康状态。那么哪些树适合在室内种植呢?

这里有几种代表性的室内观赏树可以推荐。罗汉松，既耐阴又具有很高的观赏价值，是室内盆栽树的首选。将一棵罗汉松放在靠近窗子的地方，只要不缺水，养上几年都没有问题。除了罗汉松之外，澳洲杉也是室内盆栽树中比较常见的品种。马拉巴栗树是办公室、家庭常见装饰树木，俗称“发财树”，是天然“加湿器”。橡皮树具有净化粉尘的能力，是绿色“吸尘器”，特别适合灰尘较多的房间。橡皮树的叶子又绿又大，需要放在阳光较为充足的地方，光合作用和蒸腾作用效果显著。

在室内栽上一棵树，不但可以使我们亲近大自然，还能烘托室内的氛围，使居室变得更美观、更诗意。

橡皮树

罗汉松主题邮票

俗称“发财树”的马拉巴栗树

## 43. 马路两侧为什么很少见到果树

马路两侧的大树就像两排士兵，整整齐齐地站在那里，给高温的柏油马路搭起一道绿篷、洒下一片清凉。大家有没有留意过，种在马路旁的都是些什么树木呢？其实啊，马路旁的树木可不能胡乱种，这是有讲究的！

爱吃的人可能要说了，在马路旁种上果树最好了！这样，一边走路一边摘果子吃，多棒啊！但是我们很少见到马路旁栽种果树，这说明在马路旁种果树并不合适。比如说吧，你不能在马路旁种满椰子树——椰子熟了的时候，大个大个的椰子从树上掉下来，砸到你的头可怎么办？在城市的道路旁，我们经常见到臭椿、银杏、梧桐等树种。这是因为这些树具有抗烟尘、抗有害气体、适应性强、病虫害少的特点。城市中车来车往，汽车尾气中含有许多有害气体，在路旁种植这些树木，可以净化空气。有人做过统计，一棵树一年可以吸收一辆汽车行驶 16 千米所排放的污染物。当城市绿化面积达到 50% 以上时，大气中的污染物就可以得到有效控制。这可真了不得。那些果树，比如桃树、苹果树什么的，虽然并不是不能吸收有害气体，但是它们的主要任务还是结果子，在抗污染方面的能力与银杏和梧桐相比，就有点弱了。

你现在懂了吗？道路旁不种果树，可是有原因的！

## 44. 树木为什么是大自然的“天然蓄水库”

有人做过统计，一公顷林地与裸地相比，至少可以多储水3000立方米。看来，把树木称为大自然的“天然蓄水库”真是再形象不过了！但是，树木是怎么做到这一点的呢？现在，让我们来看个究竟吧！

渴了一整个春天，土壤中的水分蒸发得差不多了，土壤的结构很像一块干海绵，布满了小孔。一下雨，大地就开始大口大口地喝水了——但是只靠土壤的力量，喝再多水也无法保存。想要将水分保存下来，唯有依靠树木的帮忙。降雨时，树木拼命地吸收水分，把水分储存在根部和树干中。等天气干旱时，树木就靠植物特有的蒸腾功能，释放体内的水分。因此，树木就像一个个小水库，在水多的时候将水存储起来，以防造成洪涝；在水少的时候，便“开闸放水”，降低干燥的程度。一片森林由许许多多的树木组成，因此就是一个“大水库”了。正是因为这一点，树木才有了涵养水土、保存土壤肥力、防止土地沙漠化的能力。

树木有涵养水土的能力，既方便了自己，也造福了人类，的确是个天然蓄水库。多种几棵树，就可以节省大量人类修造水库的物力、财力，这可真是太划算了。

## 45. 树木为什么有消音作用

你知道吗，林带和绿篱都有降低噪声的作用。10米宽的林带能使噪声减弱30%。那么树木为什么会有消音作用呢？难道树叶除了吸收二氧化碳外也吸收一些噪声来当作“作料”吗？答案马上就揭晓了，让我们一起来看看吧！

林带，特别是绿篱，一般长得十分稠密，像一堵绿墙。为什么在一个房间听不清隔壁房间的人说话呢？这就是因为声音被墙阻隔了。“树墙”在隔音方面起到了同“砖墙”同样的作用。另外，大多数树木都有浓密的树叶，这些树叶有很强的吸音能力。当噪声通过树木时，树叶会吸收一部分声波，使声音减弱。看来，树叶可是个“不挑食”的好孩子，它不但吸收温室气体，连噪声也不放过！那要是噪声太多，“吃”不完怎么办？别急别急，一旦落在了树木手里，噪声可就在劫难逃了。你一定注意到了，树皮和树叶上的褶皱很多，声音撞上树木后，就会在不断反射中减弱，自然而然就变小了！

作为大自然的“消音器”，树木可真是恪尽职守，它们用自己巨大的身体阻挡噪声的去路，还尽己所能地吸收一部分声波能量。吸收不完，它们就让噪声在树皮、树叶的褶皱里撞来撞去，使它精疲力竭，无力前行。总之，树木朋友在尽己所能地消除噪声，为人们营造安静舒适的环境。

## 46. 葡萄酒的“软木塞”通常是由什么树木制成的

成瓶的葡萄酒瓶口处都有一个多孔的木塞子。这种木塞子叫软木塞，是传统的封口物品。一般而言，软木塞品质的好坏会直接影响酒的品质。你知道这么讲究的软木塞是由什么制成的吗？

瓶装葡萄酒对瓶塞有极高的要求，需要木塞本身的质地中有细密的小孔，当塞进瓶口以后，木塞与瓶内的酒接触，就膨胀起来封紧了瓶口，酒流不出来。但是木塞的细密的孔还是可以通入非常微量的空气，使酒质变得更加醇厚。现在使用的软木塞，大都由葡萄牙软木橡树的树皮制成。选择葡萄牙软木橡树做原料，首先是因为这种橡树的皮很厚；其次，其树干有再生树皮的机能，割下后不会伤害到树木；再次，其树皮组织的物理和化学的特征最适合葡萄酒的保存。其实所有的树皮都有软木，但只有软木橡树的树皮才能制造出最佳品质的瓶塞。你一定要注意，软木是树皮，而不是木材。进口的软木进行了加工，切除硬外皮，看不出树皮的主要特征，外形类似一块软质木材。不知是哪一位老前辈把它叫做软木，现已成为习惯称呼了。

说到这里，你明白了吧，“软木”并不是真的木材，而是葡萄牙软木橡树的树皮！在现实生活中，我们一定要仔细观察周围的事物，可千万不要被它们的外表欺骗了。

## 47. “槐米”是指什么

第一次知道“槐米”这个词是在外婆家。那时正值初夏，吃午饭时，我看到饭桌上有一小盆白白的东西，喷香喷香的，真是馋人极了——顾不得问那到底是什么东西，我就抓了一把塞进嘴里！等吃得饱饱的，外婆告诉我：“你吃的是槐米，是槐树的花做的！”这真是出乎意料，因为我家院外就有一棵小槐树，可是我竟然不知道槐树的花可以做成如此美味的食物。但是，抓起一把槐米，轻轻一嗅，虽然蒸熟了，还是可以闻到槐花的清香。

槐树在中国很常见，人们总爱在房前屋后种上一棵槐树，除了遮阳乘凉外，大概也是为了有槐米吃吧！在夏季槐树刚刚长出花蕾时便可采收，因为花蕾长圆形、白白的，有点像米粒，所以老人给它起了个很形象的名字，叫“槐米”。等槐树已经全开了再采收，便称为“槐花”新鲜。槐米可以用水淘一下，撒些面粉蒸熟了吃，也可以和鸡蛋拌一拌做煎饼吃，味道都很棒。槐花可以用热水焯一下晒干，留着冬天的时候做干菜肉包吃。

外婆说，槐树花开的季节是她最喜欢的季节，因为可以吃槐米。

## 48. 人们为什么喜欢在墓地种松柏

清明到了，很多人都在墓地种了松树或柏树。为什么很少种别的树呢？梧桐和洋槐就不错，又会开花又能遮阴，多好。可是墓地除了松柏外很少见到其他的树，这里面可是有很多说法的。

种松柏有两种寓意，一种是怀念逝者。松柏是常绿植物，四季长青，象征着逝者的意念永存。另一种是对活着的人而言，寓意家族兴旺。松柏的寿命极长，在墓地上种植松柏有子孙绵延的好兆头。此外，种上松柏还有保持水土、保护坟冢的作用。当然，许多人是为了便于找到亲人的坟墓而种上松柏的，待小松树或小柏树长大时，数里之外就可以看到自己要祭扫的地方了。与其他的树木相较，松柏耐旱耐寒，容易管理，而且松柏姿态挺拔、苍翠，和墓地的环境相映，显得肃穆庄严，幽静典雅。另外，松柏的劲直，也往往象征着逝者耿直的性格。

看来，每个地方种什么树都是有讲究的。在墓地这种庄重的地方，选择种什么树就更要慎重了——不过，我们已经有了选择，松树和柏树无论是从形态上讲还是从其自身的象征意义上来说，都是墓地绿化的首选。

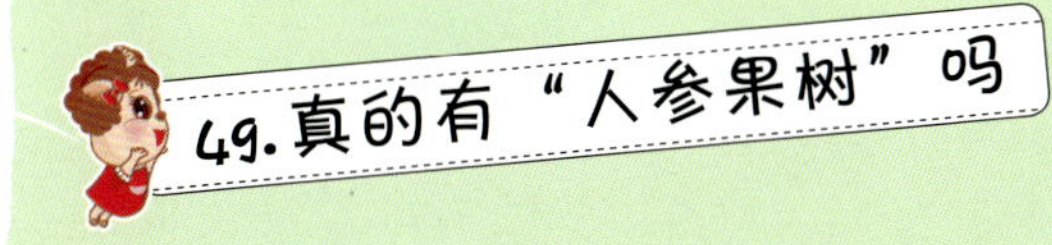

# 49. 真的有"人参果树"吗

看过《西游记》的人一定有印象，里面提到一种神奇的果树，即人参果树。人参果树是天地的灵根，三千年一开花，三千年一结果，再三千年才成熟。吃一颗果子就能长生不老。孙悟空还因为偷了果子和树的主人——镇元大仙不打不相识，最后结拜成了兄弟。故事里说得神乎其神，但是这个世界上真的有人参果树吗？

其实，是有这种果树的，只不过不像《西游记》中描绘得那么神奇罢了。现实中的人参果树是一种南方果树，结的果实（也就是"人参果"）很普通，是椭圆形的，没有鼻子、眼睛。这种果实说不上好吃，更说不上吃了会长生不老了。最近，看到许多观赏植物店在橱窗里摆上了绿油油的盆栽，上面挂着小牌子，上面写着"人参果树"。凑近一看，上面还真结了一颗颗拳头大小的"有鼻子有眼睛的小娃娃"——难道是哪位科学家培育出了真正的人参果树吗？一问店主才知道，原来呀，这可不是《西游记》里面那种吃了能长寿的果子，只不过是园艺师玩的一个小花招罢了。这其实是一种小梨树，他们在梨树开始结果时套上模具，使其生长成人形。想想看，果子自己怎么可能长成人形呢，况且还那么逼真！

看来，人参果树是有的，只不过不像《西游记》中讲的那么神奇。而那些形象逼真的"人参果树"其实是"整过容"的，可千万别把它们当成真的！

真实的人参果

# 50.香椿何以有“树上蔬菜”之名

香椿，是我们常见的树木之一，香椿的叶片有独特而浓厚的香味，因而得名。但是香椿还有另一个名字，叫作“树上蔬菜”，你知道这个名字是怎么来的吗？

每年春天一到，香椿树便开始发芽了。香椿的嫩芽不但气味醇香，还可以做成各种菜肴。香椿嫩叶厚实软嫩，绿叶红边，非常漂亮，用盐揉一下，洒上些香油就是一道可口的凉拌菜。不怕麻烦的，可以拌着鸡蛋煎成香椿蛋饼，那味道也是独树一帜。另外，香椿叶含有大量胡萝卜素、维生素B和维生素C，营养高于其他很多蔬菜。特别爱吃香椿的人还想出一个方法，将晒干的香椿叶磨成细粉，在煮菜的时候撒上一些，这可是非常棒的调味料哦！香椿叶不仅营养丰富，味道鲜美，而且具有很高的药用价值。现代医学研究证实，香椿具有养颜、抗菌功效。用鲜香的椿芽捣取汁液涂在脸上，可治疗脸部的皮肤病、滋润肌肤，具有较好的养颜美容功效。香椿叶中含有的维生素和胡萝卜素等物质，有助于增强人体免疫力，预防各种疾病。

看椿芽味道好，营养丰富，再加上滋润肌肤、增强免疫力的功能，香椿真是无愧于“树上蔬菜”这个名字！

香椿

## 51. “西谷米”真的是大米吗

你知道吗，中国南方人喜欢吃米饭，除了大米和糯米外，还有一种“西谷米”，也是南方人爱吃的。但是“西谷米”并不是真正的米，而是一种淀粉——并且这种淀粉不是用小麦做成的。现在，我就向你们介绍它的来历。

西谷米有两种。一种是用从西谷椰树的木髓部提取的淀粉，经过特殊工艺制成的。这种西谷米产于“椰子故乡”——南洋群岛一带，质地干净，色泽白亮，又糯又香，营养十分丰富。另一种西谷米的原料是印度尼西亚群岛的西米棕榈。西米棕榈生长在低洼沼泽地，长到“15 岁”后就可以开花结果了。成熟的西米棕榈会长出一串花穗，花茎髓里充满了淀粉。当果实形成后，便吸收淀粉，使茎干中空，长成果实。这种棕榈树在果实成熟后就会死去。种植这种树的人们会在花穗出现时将其砍断劈开，取出淀粉磨成粉，加水在滤器上揉搓，滤去木质纤维，经过洗涤便得西米粉，以供食用。

在热带和亚热带地区，西米是主要食物，人们经常用西米做汤和糕饼。其实，咱们平时爱喝的珍珠奶茶，里面一粒粒的“珍珠”就是西谷米的一种。还有各式各样的布丁，主要原料也是西谷米。西谷米一般人群均可食用，尤其适宜体质虚弱、神疲乏力的人食用，可以增强他们的免疫力。

树木是大自然最重要的组成部分之一。作为大自然的一员，树木家族庞大而神秘，与风雨雷电、河流山川、气候和环境都有着千丝万缕的联系。一方面，树木在完善、装饰着大自然；另一方面，大自然也在方方面面影响着树木。因为树木的存在，大自然变得丰富多彩；因为大自然的鬼斧神工，树木变得千奇百怪。大自然和树木共同努力，为我们创造了一个又一个奇观。

# 第四章 大自然中的树木

## 52.什么鸟是树木的医生

树木是各种小动物的家园，当树木生病时，谁来帮它治疗呢？当然是树木的医生——啄木鸟啦！

啄木鸟有一双灵活的利爪，还有一只又长又尖、舌尖有钩的钢锥形的利嘴。这些得力的工具可以使它轻易地啄透树皮。但是啄木鸟这么摇头晃脑地啄树可不是为了好玩，当然也不是为了成为“雕刻家”，更不是跟大树搞“恶作剧”。其实它这么努力地啄呀啄，是因为树木生病啦！啄木鸟是一种以害虫为主要食物的鸟。它的尖爪尖嘴可以使它轻易啄食树木中的害虫！另外，啄木鸟还能靠听觉甄别出蛀干害虫幼虫的咬噬声。一旦树木中有动静，它就敲击树木，啄出树洞，把害虫幼虫从树洞里面勾出来。因为它最爱吃树木中所藏的又肥又大的金龟子、天牛等的幼虫，而这些害虫会严重伤害树木，所以啄木鸟又有“树木医生”之称。看来，啄木鸟的尖爪、利嘴还可以当成“手术刀”来使呢！

啄木鸟真是个能干的小家伙——自己吃到了美味的食物，又帮大树治了病，真是一举两得啊！

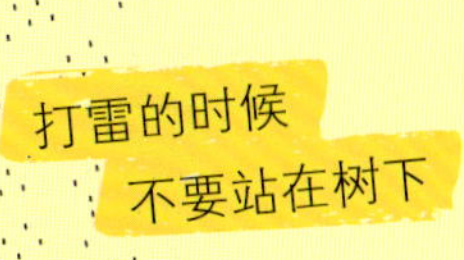

## 53. 雷雨天为什么不能在大树下避雨

树木的形状就像一把伞——撑开的碧绿的树冠像伞面，而树干则像伞柄。中午太阳火辣辣的，躲在树荫底下可真凉快，但是树木适合当“阳伞”，却不适合做“雨伞”。你知道其中的原因吗？

我们都知道，下雨的时候，通常伴有雷电。闪电像从天空中甩下来的明亮夺目的“鞭子”，一下一下地抽在万物的身上。如果被抽到，那可就要倒霉了。由于闪电最容易触到较高的物体，而树木通常长得较高，因而容易遭到雷击。又因为树在下雨天会变湿，物体变湿后就会变成导体，具有导电的功能。如果有人站在大树下，即使没有与大树接触，但整个人处于大树的笼罩之下，雷电流经大树时产生的高压就足以通过空气对人体放电，这是十分危险的。那么，在雷雨天，我们应该怎样保护自己呢？在雷雨多发的日子，要尽量避免到空旷的地方去。当在郊外看见闪电后能立即听到雷声，这说明你正处在离雷电很近的环境中，此时你应该马上停止行走，两脚并拢立即蹲下，这样雷电就“鞭长莫及”了。

这个知识真是太实用了，下雷阵雨的时候千万不要到大树底下躲雨哦！

## 54. 为什么“橘生淮南则为橘，橘生淮北则为枳”

人们常说“橘生淮南则为橘，橘生淮北则为枳”。这句话的意思是：淮南的橘树（果实又甜又大），移植到淮河以北就变为枳树（果实又苦又小）。同样是橘树，淮南淮北，只不过一河之差，为什么会有那么大的不同呢?

树木在一定的自然环境中生存，气候、水质、土壤等条件是各种树木得以生长的前提和关键，对树木的影响也是决定性的。秦岭—淮河一线是我国重要的地理分界线，南北气候之间的差别十分巨大。秦岭—淮河一线以南属于亚热带气候，而以北则属于暖温带气候。这是因为秦岭阻挡了北方冷空气的南下，使得南北冷暖气流无法交流，因而形成了完全不同的两种气候。亚热带气候的特点是多雨，阳光充足，冬季不结冰；暖温带的特点是四季分明，雨水只在夏季较多，冬季温度在零下。就是因为阳光、水分、气温各方面的巨大差异，使得橘树从淮南“搬家”到淮北后由于水土不服而不能好好生长，只能结出又苦又涩的果子。

看来，无论做什么事，都要好好地考虑这么做合不合适——因为在不同的环境中做了相同的事却可能有不同的结果，不仅种树是这样，做人也是如此。

## 55. 蝉是如何最大限度利用树木的

夏天来了，蝉又开始唱歌了。在所有以树为生的昆虫里，蝉是最安土重迁的一个，它的一生，吃穿住行，全都离不开树。现在，就让我们来看看蝉是如何最大限度地利用树木的。

蝉有一只长长的针形口器，可以用来吸取树汁。这些清香浓郁的树汁补充了蝉身体所需要的营养，使它的歌声更加嘹亮。蝉成虫的寿命很短，交配产卵后不久，它的生命就结束了。为了繁衍后代，蝉会早早地在夏末将卵产在树木的枝梢上，幼虫孵出后由枝上落于地面，随即钻入土中。栖息在厚厚的土壤棉被中，蝉幼虫安然地度过寒冷的冬天，等春天来了，它就开始吸食树根上的汁液，让自己长得胖胖的。蝉幼虫在地下度过两三个年头之后，会破土而出，凭着生存本能找到一棵树爬上去，开始自己的蜕变过程。从壳中脱出之后，它就趴在树上晾干自己的翅膀，成为一只像自己的先辈一样的蝉。

蝉的一生都与树有关。吃在树上，工作在树上，繁衍后代在树上，等蛹深埋地下，仍然依靠树木来生活……蝉真的很会利用树木。

蝉

蝉从壳中脱出

## 56.旗形树形成的原因是什么

有一种很奇怪的树形——树冠不是像伞一样，而是像一面随风飘展的旗帜。这种树形的树常被叫做“旗形树”。好好的一棵树，怎么会长成那样呢？这是谁故意修剪的吗？

风是树最好的朋友，风也会对树的生长产生巨大的影响。有一种风，一年四季都有，而且风向还不怎么变化，这种风叫作“信风”或者“盛行风”。盛行风向一直吹着的那一面树木，枝叶的水分蒸腾非常快，枝芽生长，繁育缓慢；而背向盛行风的那一侧树木还是可以正常生长。天长日久，迎风一侧经受不住风吹，发育不良，甚至枯萎不振。于是，树形长得越来越不对称，看起来像是旗帜形状。这样的树木被称为“风成偏形树”。有些偏形树很像倒放的扫帚，帚尖指向盛行风吹去的那个方向，成为活的气候风向标。在没有盛行风的地带，也可能形成偏形树。在昆明一个机场前的小区里有几棵大树，由于它们背倚东西走向的候机大楼，飞机起飞时风速在此加大，并成为单一风向，使它们成了偏形树。

原来“旗形树”不是园艺师的杰作，而是风在搞鬼！看来，风和树的关系的确十分紧密，风不但影响树的生长，还严重地影响了树的“形象”。希望那些偏形树都能喜欢自己的新形象。

## 57. 山楂树为何可以适应艰苦的环境

人们都说，西北地区的山楂树象征了当地人民吃苦耐劳的精神。的确，这种落叶乔木的适应性很强，在土壤贫瘠的山岭地区，生长、结果比其他果树要好得多。山楂树是怎么做到这一点的呢?

山楂树的顶端优势比苹果树、梨树强大。山楂树树冠内部的中、短枝和小枝的寿命相对较短，结果后很易枯萎。这就大大地节约了山楂树的“额外开支”，把“好钢用在刀刃上”，使山楂树长得高高的。因为树体高大，山楂树进行光合作用的能力就更强一些，生存能力自然就提高了。山楂树的顶芽较大、很饱满，延伸能力极强。萌发后，往往可以独枝延伸生长，而且长势很强，生长量很大，这对下部侧芽的萌发和生长，有明显的抑制作用。这既有助于进行光合作用，又减少了不必要的水分蒸发，既有效又经济。山楂树果实呈小球形,比一般水果要小得多。山楂果呈棕色至棕红色，果肉不厚，也不像其他果实那么甜，而是酸酸的。可以说，这样的果实为山楂树节约了不少水分和营养，以维持山楂树的生长。

山楂树之所以有那么强的适应能力，全在于它善于“精打细算”。

山楂树

## 58.“树中树”是怎么回事

在看热带雨林的纪录片时，我们经常会看到“树中树”的现象——有些树不“脚踏实地”，非要“站在巨人的肩膀上”。这是植物间一种很残酷的竞争现象，近似于动物界的弱肉强食。你知道这种现象是怎么形成的吗？

热带雨林可是个“寸土寸金”的地方，土地早就被“植物前辈”们占满了，哪有后来者落脚的地方啊！但是为了生存，植物们使出自己的绝技。

这些寄生树的种子通常较小，可以轻易被风吹到别处。寄生树也常借助鸟的帮忙把种子带到别的树上——种子有一层光滑的硬壳，鸟吃过后也无法消化，只能整个地排泄出来。它们往往选择高大挺拔的宿主树作为寄生对象，可以获得更多的阳光，而且可以从宿主那里得到更多好处。

寄生树的种子生存能力很强，遇上雨水就能发芽。发芽后就会长出许多气根来。一部分气根沿着树干爬到地面，插入土壤中，拼命与宿主抢夺养分；另一部分则植入宿主体内，直接吸取现成的养料和水分。与这种行径相较，还有更厉害的。这些气根会逐渐增粗分叉，形成一张网，紧紧地把宿主的主干箍住，从而阻止了其生长。日推月移，寄生树越长越茂盛，而宿主则因外部的压榨和内部的养分贫乏而枯竭、死亡。

就这样，寄生树慢慢地长成既附生又自主的热带植物，形成了“树中树”的奇特景象。

## 59.海边为什么有许多椰子树

在温暖的海岛上，到处生长着椰子树。高高的椰子树配上蓝天和碧海，真是一道美丽无比的风景。你知道为什么海边有那么多椰子树吗?

人们一般不把椰子树种在经常过人的陆地上。椰子果又大又重，掉下来砸到人可不是玩的！如果把椰子树种在海边就可以大大地降低“伤人”的可能性。

海边有许多椰子树的另一个原因是，大海是椰子树的使者，可以随时帮它运送成熟的种子。由于椰子果实的外面长着一层又轻又牢的纤维，当果实成熟后，一个个掉落到大海里，就能顺利地漂浮在海水上，既不会沉没，也不易腐烂。当椰子果实被海水冲上海滩后，它就会在那里发芽并扎下根，慢慢长成一棵椰子树。就这样，久而久之，海边的椰林变得更稠密了！

## 60. 人们为什么常说“无心插柳柳成荫”

“有心栽花花不开，无心插柳柳成荫”，这是一句中国古话，用来形容费很大精力去做一件事，结果却没能如愿；而不经意去做的事，反而很顺利地得到了好结果。这虽然只是一种说法，不过反映了柳树具有极强的生命力。那你知道柳树的生命力为何这么顽强吗？

柳树喜欢湿地，因此多生长在河边、湖畔。柳树生命力很强，从柳树上剪下一截树枝往河边泥地里一插便能成活。这要归功于一种化学物质，那就是柳树皮汁中含有的水杨酸。水杨酸是生产阿司匹林的主要原料，是柳树的一种刺激性化学武器，柳树可以依靠它抢夺自身所需的水分和肥力，它可以刺激柳树在春天抢先抽芽吐绿，并使柳树在扦插时易于成活。柳树枝一旦见泥，便会立刻生出许许多多的须根深深地扎向地下，伸向更深更远的地方获取丰富的营养。因此，在同样条件下，柳树就要比其他植物更有生命力。

柳树对空气污染及尘埃的抵抗力强，姿态柔美，适合在都市庭园中生长，尤其适合种在水池或河道边。又因为柳树有无与伦比的适应性，使之成为我国古往今来绿化应用最普遍的树种之一。

## 61. 河狸为什么要啃树木

在碧绿的大森林里，有河穿过的地方，我们经常可以看到许多“摔倒”的树木。临近一看，树木哪是“摔倒”的呀，它们分明是被谁“啃断”的。到底是谁有这么大的本事呢？仔细观察一下就会发现，原来这是河狸干的。树木又不好吃，河狸为什么要啃树木？

野生动物中有数不清的“建筑师”，燕子会用泥垒窝，兔子会挖洞。其中，最厉害的要数河狸了，它不但是伟大的“建筑师”，还是了不起的“水利工程师”。那些被啃倒的树木就是河狸为建造水坝而准备的材料！河狸建造水坝自有它的道理，也有一套非常有趣的办法。河狸会先选好准备造坝的地方，然后逆着水流的方向去寻觅合适的树木。它长有尖锐的牙齿，对找到的树木“咔咔咔”不停地咬，直到咬断，树木倒入水流中，水流会把树木运送到目的地。河狸把树木插进水下的泥土里，打成木桩，再找来树枝、石块填堆在木桩前面，从而造成了水坝。河狸在水坝中的水面上再造窝。河狸造窝比造坝更为精心。窝的外面会用黏土混合着树枝做成，把墙壁做得很厚、很结实。窝的里面做成一个比水面要高的空间，铺着干草，用来睡眠。河狸还有一个聪明之处：把窝做出前后“门”，一个可直通地面，而另一个则通到水下。它可以悄然回家，也可以默默离开。狐狸和熊这些动物再也没有办法钻进河狸的窝里“捣乱”了。

如此可见，小小河狸，不但力气了得，连脑袋也是聪明至极呢！

## 62.“青山”一词是怎么来的

古诗中常见“青山如黛”“碧水青山”之类的说法。“留得青山在，不怕没柴烧”，也是我们常说的一句话，说的是只要生命还在，将来依旧会有希望。那你知道“青山”一词到底有什么来头吗?

大树将根深深地扎进土壤里，可以固定土壤，防止土壤被水流卷走或是被风刮跑。另外，树根还可以帮助土壤吸收和存储水分。所以，要想保持水土，就得多多种树。山都有一定的高度，而且坡度较大，如果山上没有树，一下雨，山上的土壤和石块就会随着雨水从山顶倾泄下来，形成泥石流。这不但使山变秃，还可能会毁坏山脚下的住房、田地和道路。山上种满了树，就好像给山盖了一条毯子。风再大，雨再急，也无法从山上卷走泥土和石块，这样青山才能长久地保持自己高峻挺拔的身姿。树木大多是绿色的，远远望去，山上一片蓊蓊郁郁，苍翠可人，所以人们形象地造出了“青山”这个词。

人们说“留得青山在，不怕没柴烧”，也表达了守住希望的意思。如果山上的树木都砍光了，那么泥石流就会猖獗起来，到头来，连家园和田地都毁了，那可是真的“没希望”了。

## 63. 为什么说苦槠树是长江南北的“分界树”

苦槠树的寿命非常长，枝叶对二氧化硫等有毒气体有很强的抵抗性。苦槠树是我国的濒危植物之一，有很高的观赏价值。除此之外，苦槠树还是长江南北的“分界树”，你知道“分界树”这个名号是怎么来的吗？

苦槠树群落多分布在牛首山阳坡的中、上地段，在登山的台阶边随处可见。苦槠树的生长对气候的要求十分严格，北方没有它的足迹，南方也不是太多。苦槠树是常绿乔木，它是长江最南段的特有植物，再往北，就没法生长了。因此，植物学家将它叫作长江南北的“分界树”。苦槠树防火性很好，对二氧化硫有很强的抗性，又可以防止水土流失，生态效益十分明显。

苦槠树结出的果子很像板栗，里面含有淀粉，可以做“苦槠豆腐”：把果肉磨成细粉，筛掉粗渣，煮一锅水，待其稍滚时倒入苦槠果磨的粉，并搅拌均匀。等变稠凝固后，取出摊凉，切成块状就大功告成了。“苦槠豆腐”有很好的防暑降温作用，是南方人夏季喜欢吃的食物之一。

## 64. 胡杨树是如何获得“三千年之木”称呼的

胡杨树在荒漠中可是号称“三千年之木”哦！你知道这个名号是怎么来的吗？

胡杨树常见于荒漠地带。很多人疑惑：不知是荒漠造就了胡杨，还是胡杨定要与荒漠为伍，为何它总是出现在干旱的荒漠里。我国西部地区的沙漠，准噶尔盆地、吐鲁番盆地和哈密盆地，都生长着大面积的胡杨。但是生长胡杨最多的地方是塔里木，那里有 30 多万公顷的胡杨林，分布在塔里木河和孔雀河的两岸。新疆胡杨是中国“三北”防护林体系的重要组成部分，也是和新疆人相依相伴、抵御风沙的卫士。

胡杨象征着中国西北地区人民艰苦奋斗、顽强不屈的民族精神。胡杨一生都在顽强地同恶劣的自然环境抗争。它是沙漠的忠诚伴侣，绿洲的细心保护者和其他地区居民的“风沙卫士”。人们夸赞其巨大的生命力是“三个一千年”：胡杨树生长“千年不死”，死后“千年不倒”，倒后“千年不朽”。它死后都还要抵御风沙，保持水土，还地以肥，无愧于“大漠英雄树”的美称。

## 65. 为什么说大树是小动物的家园

如果说住宅小区是我们的家园，树木就是小动物的家园。这么说会不会言过其实呢？一点儿也不会，往下读，你就知道了。

人类把房屋建在土地上，而有一些小动物则把“屋子”建在大树上。首先，树木是小动物们的“卧室”。乌鸦和喜鹊会用树枝编出小筐似的巢，高高地安放在树梢上，既安全，景观又好，相当于住上了“小高层”。松鼠在树干上挖个洞，开始了自己的“穴居”生活。树懒像个“流浪汉”，浑身脏兮兮的，它没有自己的“房产”，但却一天到晚抱着树干不放松，以致身上都能长苔藓了。树木还是小动物的“厨房”。一些小动物直接以树叶或树上的果子为食。伯劳倒是不吃树叶，它是肉食性鸟类，食物包括蚂蚱和老鼠等。吃不完的猎物会穿在尖刺或小树枝上储存起来，等以后再吃。花豹喜欢生活在树上，捕食、吃饭也在树上进行。有时候，捕捉到的食物太大，它会把猎物挂在树上。这样，就可以慢慢地吃，避免被其他的动物抢走了。而且吃剩的，还可以储存起来，等下一餐捕捉不到猎物时再吃。

树木还是小动物锻炼身体和娱乐的地方。小动物们吃、睡、住、玩全在树上，说树木是小动物的家园真是一点儿也不假！

有一种树木能活几百年，一生都十分平淡，但在死亡的前一天，才开出白色、淡紫色、淡蓝色的花朵。整棵树木看起来就像一座宝塔，然而花期只有一天，之后花朵就凋谢了……这是树在给自己举行葬礼啊！生为一棵树，它们活得笔直、刚正，死后，依然挺立不倒，彰显着一棵树的威严。让我们一起看看世界上那些奇特的树吧！了解这些树木不但可以让我们增添许多知识，甚至还能发人深思、启迪智慧呢！

# 第五章 奇树博览

## 66. 世界上木质最硬的是什么树木

有一种树的木质十分坚硬，一枪打下去，子弹会牢牢地镶嵌在树干中，就像打在厚铁板上一样，根本无法穿透。这种树叫“铁桦树”，它的木质比橡木硬3倍，是世界上木质最硬的树。

铁桦树是一种十分珍贵的树木，高约 20 米，树干直径约 70 厘米，寿命 300 ~ 350 年。铁桦树的树皮主要呈暗红色或接近黑色，上面密布着白色斑点。它和一般的白桦树完全不同，“皮肤”一点儿也不白，简直可以说是个“小黑脸”。而那些白色的斑点让它看起来更是怪怪的。铁桦树不像白桦树那样在中国北方较为常见，它的产区很有限，主要分布在朝鲜南部和中朝接壤地区，俄罗斯南部海滨一带也有一些。铁桦树的木质十分坚硬，可以说是世界上最硬的木材。于是有人把它用作金属的替代品。俄罗斯人曾经用铁桦树制造滚球、轴承，用在快艇上。铁桦树还有一些奇妙的特性：由于它质地极为致密，密度比水还要大，因而一放到水里就往下沉；即使把它长期浸泡在水里，它的内部仍能保持干燥。这真是和普通的木头一点儿也不一样。

“铁桦树”真是没愧对这么个名字！

铁桦树的树皮主要呈暗红色或接近黑色，上面密布着白色斑点

## 67. 世界上最古老的树有哪些

一些古老的树已经存活了数千年，简直是人类历史的见证者。

塞意阿巴库树生长在伊朗，是一棵 4000 岁的古柏树。这棵古柏在伊朗人的心目中具有很特殊的地位。另一个古树的实例，是长在威尔士的兰格尼维紫杉，有 3600 多岁。紫杉树常见于墓地，因其长寿而著称。但是最令人难忘的一种长寿树种是原产于加利福尼亚州的巨杉。数千岁的巨杉非常常见。为了参加世界博览会，“芝加哥树桩”被砍下，通过计算年轮，最终确定为 3200 岁。弗洛雷斯塔树，估计为 3000 岁，是巴西最古老的非针叶树，它被视为圣树，但这种树面临巨大的灭种威胁，一个重要原因就是巴西、哥伦比亚和委内瑞拉的乱砍滥伐。中国台湾的阿里山神树可能已经有 3000 岁，然而令人遗憾的是，1997 年的一场大暴风雨使它轰然倒下。这种树生长缓慢，但是非常长寿，它们体量往往很大，树高可达 55 ~ 60 米，直径达 7 米。

世界上有那么多长寿的古树，其中最老的一棵当数“玛士撒拉树”，它生长在加利福尼亚 3300 米高的山峰上，在公元前 2560 年就开始有了生命，直到 1957 年才被一位科学家发现。古树的生长，时间上历经了埃及金字塔的修建、古代印第安人的生活和希腊爱琴海火山喷发的年代。许多专家用古树的年轮来测定历史年代。“玛士撒拉树”果真无愧于“最古老的树”这一称呼。

## 68. 世界上最孤单的鹅耳枥是哪一棵

在中国舟山群岛普陀岛的山上，生活着一株普陀鹅耳枥古树，它是普陀山的标志性旅游景点，更是国家重点保护的濒危植物，它是中国乃至世界上唯一一株原生普陀鹅耳枥，已经静静地矗立在那里两百多年了，是现在世界上最孤单的树。

普陀鹅耳枥，是 1930 年 5 月中国著名植物分类学家钟观光教授首次在普陀山发现的，1932 年林学家郑万钧教授正式为它命名。它是雌雄同株的落叶乔木，雄花的花序比雌花的花序要短。它的花期是每年的四月份，果实成熟期是每年的九月底到十月初。这种树木非常耐阴、耐旱、抗风，是中国特有的珍稀植物，为国家一级保护濒危物种。

普陀鹅耳枥在植物学上属于桦木科鹅耳枥属，该属植物全世界有 40 余种，单是我国就有差不多 30 种，分布在华北、西北、华中、华东、西南一带。它们木材坚硬，纹理细密美观，可用来制作家具、小工具等。它们的种子可以榨油，可供食用或者作为工业用油。有些种类还是著名的园林观赏植物。

普陀山这棵鹅耳枥，尽管已经历尽沧桑，却依然枝繁叶茂。经过研究人员的努力，现在已经成功实现对这棵鹅耳枥进行树苗繁育。

鹅耳枥的叶子

见血封喉树就生活在
西双版纳的热带雨林里

## 69. 世界上最毒的是什么树木

武侠小说里经常出现“五毒散”“鹤顶红”之类的毒药，这些毒药被描绘得剧毒无比，但它们和一种树相较，可就甘拜下风了。这种树叫“见血封喉树”，是不是听起来就很毒？

走在西双版纳的热带雨林里，你必须谨防撞上全世界最毒的植物——见血封喉。见血封喉又叫箭毒木，是自然界中毒性最大的乔木，有“林中毒王”之称。这种树的树皮呈灰色，上面有泡沫状的凸起。它的叶子是长椭圆形的，长 9 ~ 19 厘米，宽 4 ~ 6 厘米，叶背和小枝有毛，边缘有锯齿状裂片。见血封喉的乳白色树汁含有剧毒，一接触到人畜伤口，即刻可使中毒者心脏麻痹、血液凝固，以致窒息而亡。唯有“红背竹竿草”能解此毒。对此，西双版纳民间有一个说法，叫作“七上八下九倒地”，意思是说如果谁中了见血封喉的毒，那么往高处只能走七步，往低处只能走八步，但无论如何，走到第九步，都会倒地毙命。过去，箭毒木的汁液常常被用于狩猎。

尔威兹加树生活在
非洲的喀拉哈里沙漠里


## 70. 世界上生长最慢的是什么树木

自然界中树木生长的速度真是千差万别，有的快得惊人，有的慢得出奇，就好比豹子和蜗牛赛跑。在树木王国中，你知道哪种树长得最慢吗？

在非洲的喀拉哈里沙漠中，有一种名叫“尔威兹加”的树木。尔威兹加树是树木家庭中的小矮个儿。好玩的是，虽然个子很矮，尔威兹加树却有个很特别的“发型”。它的树冠是圆形的，从正面看上去，就像是沙地上的一个绿油油的小圆桌。尔威兹加树为什么这么矮呢？是因为它年龄小吗？如果你这样认为，那可就大错特错了，因为一株 30 厘米高的尔威兹加树可能已经有 100 岁的高龄了！之所以这么一大把年龄还那么矮，全因为尔威兹加树的生长速度实在是太慢了，要是和毛竹的生长速度相比，真像老牛追汽车。尔威兹加树要长 333 年，才能达到毛竹一天生长的高度。

尔威兹加树为什么生长得如此慢呢？除了它自身的因素外，和它所生长的环境也是分不开的。尔威兹加树生活在热带沙漠地区，沙漠中土壤贫瘠，雨水稀少，天气又干旱，风还那么大，这一切都对尔威兹加树的生长造成了很大的影响。本来尔威兹加树就有“矮个儿”基因,再加上营养不好，环境艰苦，自然就更长不高了。

## 71. 世界上最直的是什么树木

望天树

在广袤浩瀚的热带雨林中，生活着许多奇异的树木。其中最引人注目的就是“林中巨人”——望天树。20世纪70年代中期，在西双版纳发现了望天树，中国成为世界上森林类型最完整的国家之一。随之，望天树的美名也传遍世界各地，游者纷至沓来，一睹望天树的风采。

望天树树干笔直，不分叉，树高一般为70～80米，胸径1米以上，通体圆直，雄姿伟岸，上摩云天，青枝绿叶聚集于顶端，形似一把巨伞。在热带雨林中，望天树犹如鹤立鸡群，高居于其他乔木之上，因此被称为“万树之王”、“林中巨人”。望天树高大笔直，当地百姓称其为“通到天上的树”，当作“神树”来保护。人们说：“望天树是天下最高最直的树，子子孙孙不准砍！”因此，望天树这稀世之宝才得以保存完好。望天树还是西双版纳各族人民的象征，其伟岸挺立的形象正好映衬了当地人民崇高的精神境界和优秀品质。

1990年，西双版纳国家自然保护区在望天树林中架设了一条500多米长的“空中树冠走廊”，这是世界最高最长的“空中走廊”。由于其构思的新颖和独特，吸引了众多游客。游人攀登树冠走廊犹如太空漫步，惊、奇、险、特，可谓引人入胜！

## 72. 世界上生长最快的是什么树木

你知道世界上生长最快的是什么树木吗？

人们常用“雨后春笋”来形容事情日新月异的变化，那竹子一定是植物界长得最快的了！竹子的生长速度的确很快，但是它和一种树木相比较，可就是小巫见大巫了。这种树叫速生杨，看到“速生”二字，你也该能想到，它肯定长得不慢。一段速生杨枝条，不足10厘米长，拇指那么粗，一旦插入土壤，一年甚至可长成高约7米、直径可达5厘米的茁壮树木。速生杨并非“天生”就这么能长个儿，它是科研人员利用生物工程研发成功的。这是人工育林史上的一个突破，为以后经济性木材的生产带来了很好的前景。

树木的生长基因，是可以进行人工改造的，有了生物工程技术这一把神秘的钥匙，一定能帮人类打开更多自然界的神奇之门。

速生杨

# 73. 世界上最高的是什么树木

美国加利福尼亚州红杉国家公园内的红杉巨树

树木是植物界的大高个儿，那么谁是世界上最高的树呢？这是植物爱好者普遍关心的问题。现在树木大家庭里正举行身高比赛呢，让我们看看都有谁得了奖吧！

树木的品相，虽然受外界环境条件的影响和制约，但最主要的决定因素还是树种的遗传基因。世界上树木品种最丰富的地区，要属亚马孙河流域和东南亚的热带雨林，但那里虽然树种繁多，也有一些高达六七十米的巨树，却不是世界最高树的故乡。目前，在全球数万种树木中，已记录的超过 100 米的树木有三种，有北美洲的“北美红杉”、“道格拉斯黄杉”，还有生长在澳大利亚的杏仁桉。遗憾的是，在近代，这三种“世界最高树”都遭到了人类的大量砍伐，因此失去了许多千年才长成的高大成员，人们只能凭借一些记录资料了解它们昔日的风采了。目前仍健在的一株北美红杉，高约 112 米，生长在加利福尼亚州的红杉国家公园内，受到了特别保护，每年都有几十万游客前来瞻仰它的雄姿。

如果再让这三种巨树进行角逐的话，只有澳大利亚的杏仁桉树才有资格得冠军，可称为“王桉”。杏仁桉树一般高达 100 米，其中有一株，高达 156 米，树干直插云霄，有 50 层楼那么高。在人类已测量过的树木中，它是最高的一株。这种树树干笔直，下部很粗，向上则明显变细，枝叶密集生在树的顶端。叶子生得很奇怪，一般的叶子是表面朝天，而它是侧面朝天，像挂在树枝上一样，表面与阳光的投射方向平行。这种古怪的长相是为了适应气候干燥、阳光强烈的环境，减少阳光直射，防止水分过分蒸发。

## 74. 为什么红豆杉又叫“健康树”

居住在现代都市中，公路上车辆川流不息，充满着汽车尾气，再加上室内空气流通不畅，空气质量不是很好。如果你想在室内放上一株植物净化空气，红豆杉可是首选，因为红豆杉素有“健康树”之称。

红豆杉是第四纪冰川遗留下来的古老树种，在地球上已有 250 万年的历史，素有“生命活化石”之称。从红豆杉的树皮中提取的紫杉醇，是目前抗癌防癌最有效的药物之一。红豆杉不仅可以吸收一氧化碳、尼古丁等有毒物质，还能吸收甲醛等致癌物质。同时，红豆杉属于那种不爱“睡觉”的植物，可以全天吸入二氧化碳，呼出氧气。所以红豆杉简直就是室内的小小“增氧机”。红豆杉吸收辐射能力也很强，还可以释放出一种净化空气的负氧气体，人们吸入体内后，还可以增强抵抗力，预防疾病。经研究发现，红豆杉枝叶散发出的味道，可以明显降低高血压患者的血压，改善疲劳、视力疲劳等症状。

一棵树竟有那么多神奇的功能，红豆杉“健康树”一称，果然名不虚传。

## 75. 阿洛树为什么被称为“牙刷树”

我们每天早起，都要洗脸刷牙。牙刷对我们来说都不陌生，有塑料柄、化学纤维的刷毛，可以很好地清理牙齿上的污垢。但是你知道有一种“木牙刷”吗？它可不是工厂里生产的，而是用一种树的树枝做成的。

在非洲西部的热带森林里的有一种名叫“阿洛”的树，当地人称这种树为“牙刷树”。阿洛树木质纤维柔滑而富有弹性，人们喜欢将这种树的树干或枝条锯下来，只需稍加削磨，就能制成一把别致的牙刷。将木片放在口中之后，木片很快会被唾液浸湿，这时顶端的纤维就会散开，摇身一变而成了牙刷上的“鬃毛”。这样一来，用它刷牙软软的，十分方便。而且，用阿洛树枝刷牙,连牙膏都省了。因为阿洛树的木质内含大量皂质和薄荷油，正好可以洁白、坚固牙齿，清新口气。非洲很多居民每天早上用阿洛树枝刷牙，长期使用，牙齿竟然刷得雪白。值得一提的是，牙刷树还具有重要的药用功能，可以用于治疗支气管炎、胃酸和胃肠功能失调等疾病。

用阿洛树的树枝刷牙，有了好牙齿，也有了好胃口，既省牙膏又省药，真是一举两得！

阿洛树树枝

## 76.“木盐树”是怎么回事

海水里含有很多盐分，所以海边有许多晒盐场，咱们平时吃的盐大多是从晒盐场运来的。那你知道吗？有些树也可以产盐。

在中国东北地区，生长着一种六七米高的“木盐树”。尤其是在炎夏，这种树显现了自己的特别之处。原来，这种树的树干上也会“冒汗”！等“汗”干了以后，可以见到一层白花花的盐渍，有人就刮下来，收集回家当盐用。

树为什么能产盐呢？原来有些地方的地下水含盐量高，而且会有很多盐分残留在土壤表层里，我国东北地区不少土地就是这样。人体内摄入过多盐分会引发疾病，树木也是这样。于是，生活在盐碱地中的树木为了不被“齁”死，就用“出汗”的方式把体内的多余盐分排出去。其实不仅是树干，它们的叶片上也密布着专门排放盐水的盐腺，只不过盐水蒸腾后留下的盐结晶，风一吹就掉了，所以不会被人们注意。

看来呀，木盐树上的盐并不是树木自身产出的，它只是把自己吸收的多余盐分排泄出来而已。

木盐树

## 77. "树岛"是怎样形成的

在《鸟的天堂》这篇文章里，巴金先生为我们描绘了"独树成岛"的奇观，你知道一片"巴掌大"的河心小岛是如何形成一片占地接近2公顷的"原始森林"的吗？你也许猜不到，这可全是一棵榕树的功劳！

一棵榕树形成的"树岛"

一棵树怎么能形成那么大一片森林呢？这可真是怪了。别急，现在我就来向你们揭晓谜底。

榕树是热带最大的植物之一，能够创造"独树成林"的奇观。除此之外，许多榕树还有根上长茎、茎上生花的现象。榕树最大的特点是气根发达，数不清的枝丫上长着美髯般的气根，着地后木质化，抽枝发叶，又长成新枝干。根与枝没有根本的区别。就这样，根生树，树生根，循环往复，使得一株树可以无限地扩大，变成一片根枝错综的榕树丛。

当然要形成一座"树岛"，除了榕树自己的功劳外，还需要一定的客观条件。

河心小岛为榕树提供了落脚地。榕树借助这一平台，深深地将根扎进泥土里，这样才可以固定自己的躯干，屹立不倒。热带降雨丰富，又由于位于河心，榕树生长所必需的水分可谓取之不尽，因而榕树才会越长越大。要形成"树岛"，时间也是一个不可或缺的因素。"不积跬步，无以至千里"，你也许想不到，这棵榕树可是有500多岁的高龄了。日复一日，年复一年，它经历了种子、小树再到庞然大树这一过程，最终覆盖全岛。

怪不得"树岛"远远望去既像浮在水面上的绿洲，又像一棵大树躺在水上一样。原来，它就是一棵树！

马褂

## 78. 什么是“马褂木”

马褂是中国的传统服饰，因为穿起来宽松舒适，直到现在还有许多人很喜欢穿马褂。那么你听说过穿马褂的树木吗？树木家族里，可真有一位与“马褂”有缘的树呢！

马褂木即鹅掌楸，属于落叶乔木。它叶片的形状很像中国传统服饰中的马褂——叶片的叶尖如马褂的下摆；叶片的两侧像马褂的两腰；叶片的叶基两侧向外突出，如马褂的两只袖子。正因如此，鹅掌楸有了“马褂木”这么个名字。马褂木秋季叶色金黄，像一个个黄马褂，很漂亮。它的花朵硕大而美丽，基部有黄色条纹，形似郁金香，因此被称为“中国的郁金香树”。马褂木长得快，耐干旱，抗病虫害，是珍贵的行道树和庭园观赏树种。马褂木的树皮可入药，祛水湿风寒。它的木材淡红褐色，纹理直，干燥少开裂，是建筑及制作家具的上好木材。

马褂木是中国二级重点保护野生植物，是十分罕见而古老的树种，对于研究植物谱系、地质和气候的变迁，具有十分重要的意义。看来，马褂木可是“既中看又中用”哦！

马褂木的叶片形状很像马褂

## 79.有长“翅膀”的树吗

我们都知道，每一只鸟都有一双翅膀，翅膀可以让鸟在天空中自由地飞翔，到达它想去的地方。这个世界上有一种树也是长翅膀的。只是一棵树要翅膀做什么，难道它也要飞不成?

在我国秦岭的山区有一种落叶灌木，其枝条呈绿褐色，硬而直。有趣的是，在树的树干上，像镶嵌一样，从下到上生出 2 ~ 4 条黄褐色的带子，质地是木栓质，又轻又软，仿佛枝干上长了翅膀。这种树叫做“栓翅卫矛”，看起来就像是长翅膀的树。栓翅卫矛属于卫矛科，开出的花骨朵一簇一簇的，像包裹着红豆沙馅的糯米汤圆，漂亮极了。等花开之后，一片火红，更是惹人喜爱。所以，这种树很适合种在花园和道路旁，供人欣赏观看。栓翅卫矛浑身都是宝。栓翅卫矛木材致密，木质为白色并且十分有韧性，可以用来制造弓箭、手杖，甚至还能制成“木钉”来钉其他的木头。栓翅卫矛树枝上的栓翅是很好的药材，采摘后晒干，用水煮后，汤水有助于血液流通，具有消肿的作用。

看来，树木一族中，“既中看又中用”的树木可真是不在少数。

## 80.“灯笼树”是怎么回事

古时候，人们把灯笼挂在门前用来照明。一般只有人类才会在晚上挑灯笼，但是有一种树木为了赶时髦，竟然也挑起灯笼来，这就是灯笼树。

灯笼树是一种杜鹃花科的落叶灌木，生长在我国中部一带，只有 2 ~ 6 米高。每到夏日，它的枝端两侧就会挂上花朵，这些花朵就像红色的小吊钟，所以人们叫它“吊钟花”。咦？不是要说“灯笼树”吗，怎么说起“吊钟花”来了？别急，别急，它们呀，其实是一种植物！灯笼树的果实在十月里成熟，椭圆形，棕色。有趣的是，它的果梗向下垂着，而前端弯曲向上，因此结的果实是直立的，就像举着一个个小灯笼，所以呀，人们根据这一特点，又给它起了个名字——“灯笼树”。灯笼树不只是花果美丽，叶子入秋后会变为胜似枫叶的红色，与果实相映成趣，十分美丽。所以，灯笼树是非常有趣的园林观赏树木，它开花时美，结果时美，连叶子也不比枫树逊色，无论是谁见了它，都会深深地爱上它的。

这就是我们“多才多艺”的灯笼树，它可真懂得装饰自己啊！

## 81.“龙血树”是如何自我疗伤的

西双版纳是我国重要的热带雨林区，那里植物种类十分丰富，有许多与众不同的树，其中有一种叫龙血树。为什么叫这么个名字呢？难道它遍体通红，像涂了龙血一样？如果你这么想，那可就错了，龙血树并非遍体通红，而是像其他树一样，也是绿油油的。它的名字另有一番来历。

龙血树属于常绿乔木。这种树高十几米，个头不大，树干却非常粗壮，可以达到 1 米左右。龙血树的叶片又尖又长，很像一把锋利的剑，叶片的边缘常带着两道白条，就像宝剑的剑刃。通常而言，单子叶植物长到一定程度后就不再继续加粗生长了。但是龙血树虽也属于单子叶植物，但其树干的薄壁细胞却能不断分裂，使树干逐年加粗、变硬发生木质化，形成乔木。在我国，龙血树总共有 5 种，多生长在云南、海南岛、台湾等地。龙血树可谓树木大家庭里的“外科医生”，而且尤其擅长自救。如果龙血树受到创伤，会自动流出一种紫红色的树脂，裹住创口，以阻止体内水分和营养外流。这和咱们有了外伤后涂上帮助伤口愈合的药物是同一个道理。

另外，龙血树还是长寿的树木，这会不会和它特别会照顾自己，懂得自我疗伤有关呢？

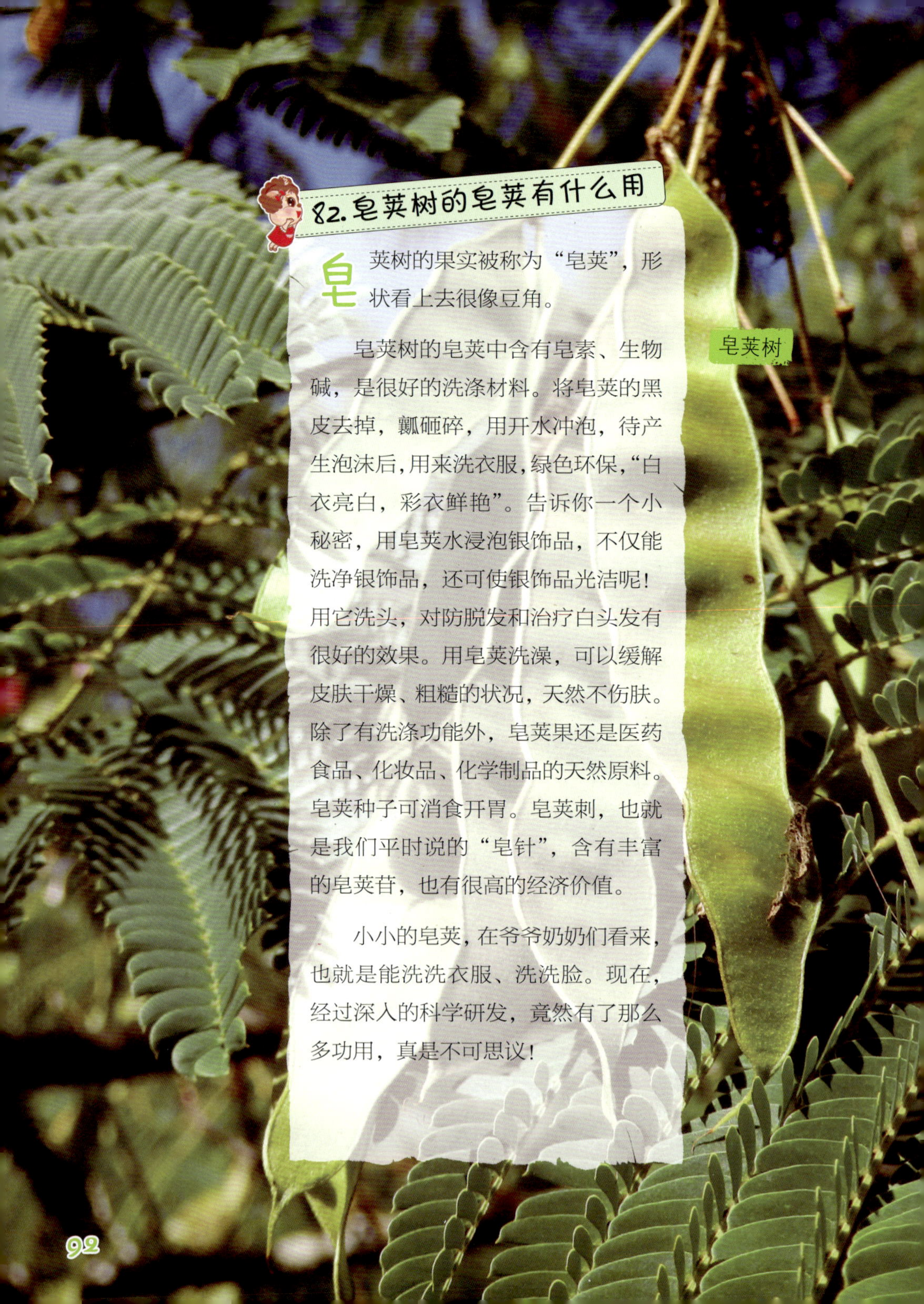


## 82. 皂荚树的皂荚有什么用

皂荚树的果实被称为“皂荚”，形状看上去很像豆角。

皂荚树的皂荚中含有皂素、生物碱，是很好的洗涤材料。将皂荚的黑皮去掉，瓤砸碎，用开水冲泡，待产生泡沫后，用来洗衣服，绿色环保，“白衣亮白，彩衣鲜艳”。告诉你一个小秘密，用皂荚水浸泡银饰品，不仅能洗净银饰品，还可使银饰品光洁呢！用它洗头，对防脱发和治疗白头发有很好的效果。用皂荚洗澡，可以缓解皮肤干燥、粗糙的状况，天然不伤肤。除了有洗涤功能外，皂荚果还是医药食品、化妆品、化学制品的天然原料。皂荚种子可消食开胃。皂荚刺，也就是我们平时说的“皂针”，含有丰富的皂荚苷，也有很高的经济价值。

小小的皂荚，在爷爷奶奶们看来，也就是能洗洗衣服、洗洗脸。现在，经过深入的科学研发，竟然有了那么多功用，真是不可思议！

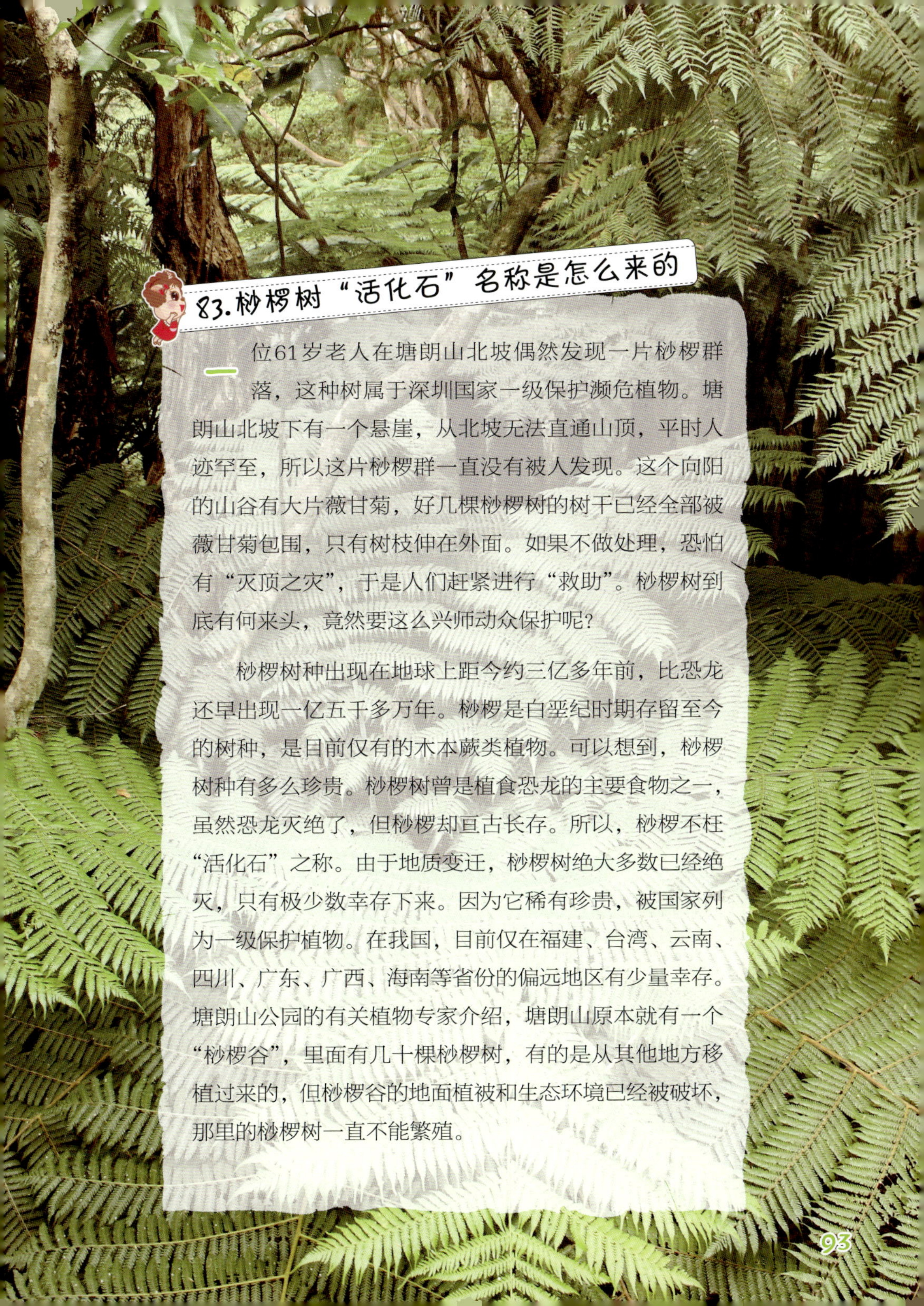

## 83.桫椤树“活化石”名称是怎么来的

一位61岁老人在塘朗山北坡偶然发现一片桫椤群落，这种树属于深圳国家一级保护濒危植物。塘朗山北坡下有一个悬崖，从北坡无法直通山顶，平时人迹罕至，所以这片桫椤群一直没有被人发现。这个向阳的山谷有大片薇甘菊，好几棵桫椤树的树干已经全部被薇甘菊包围，只有树枝伸在外面。如果不做处理，恐怕有“灭顶之灾”，于是人们赶紧进行“救助”。桫椤树到底有何来头，竟然要这么兴师动众保护呢？

桫椤树种出现在地球上距今约三亿多年前，比恐龙还早出现一亿五千多万年。桫椤是白垩纪时期存留至今的树种，是目前仅有的木本蕨类植物。可以想到，桫椤树种有多么珍贵。桫椤树曾是植食恐龙的主要食物之一，虽然恐龙灭绝了，但桫椤却亘古长存。所以，桫椤不枉“活化石”之称。由于地质变迁，桫椤树绝大多数已经绝灭，只有极少数幸存下来。因为它稀有珍贵，被国家列为一级保护植物。在我国，目前仅在福建、台湾、云南、四川、广东、广西、海南等省份的偏远地区有少量幸存。塘朗山公园的有关植物专家介绍，塘朗山原本就有一个“桫椤谷”，里面有几十棵桫椤树，有的是从其他地方移植过来的，但桫椤谷的地面植被和生态环境已经被破坏，那里的桫椤树一直不能繁殖。

第六章

# 树木与人文

在不了解植物的生长规律之前，人类认为树木是不可思议的超自然体。它们在秋天逐渐“死亡”，冬季肃穆站立，春季却又复生了——这一切都使人们感到树木真是神秘莫测。人们在墓地种植树木，以显示生命并未因死亡而终结。树木成了命运之树、生命之树。现在，世界有2/3的人过圣诞节，这个节日因圣诞树而显得五彩缤纷、富有生气。圣诞树象征着永不枯竭的生命源泉。

如果没有了树木，世界将是不可想象的，没有树木，人类的文明也将黯然失色。

## 84.人类曾经生活在树上吗

现在，人类成了地球的主宰，还把凶猛的野兽关进动物园里。但在远古时代可就截然不同了，那个时候，人类根本就斗不过野兽，只能想办法躲开它们。远古人类曾经居住在洞穴里，这样既能防野兽又能避寒暑，的确很方便。但是你知道吗？有一些古人类也曾经在树上生活过。

远古时代，人要想在陆地上生活十分艰难。他们没有豹子跑得快，又不像鸟一样会飞，也不像鱼一样可以逃进水里，因此总是受到各种野兽的攻击。又因为那个时候人的智力不够发达，还不太会制造工具，因此要防御野兽就成了问题。为了保证自己的生存，他们只得找个安全的地方躲起来——大树就是他们的藏身之处。他们砍掉树枝借助树的结构，搭成一个类似笼子的东西，然后用细小的树枝和树叶将缝隙填满，这样一来，一个安全的“巢”就完成了。既不怕飞禽，也不惧走兽，更是不透风不透雨，他们还可以在这里存放食物、休息、娱乐，人类真正地从“生存”走向了“生活”。

## 85. 圣诞树是怎么来的

圣诞节到了，在西方的家庭中多了一棵绿色的松树或柏树。上面装饰着五光十色的灯泡、五彩的小蜡烛、各式各样的玩具，还有一些包着糖果的小圆球等。这就是能给人们带来幸福吉祥的圣诞树。圣诞节那天，就连中国的大街上和商店里也经常会看到圣诞树的身影。你知道圣诞树是怎么来的呢?

在西方国家，流传着这样一个传说。古时候，德国的一个农民家庭正在准备过圣诞，突然有一个衣衫褴褛的孩子敲响了他们的家门。尽管家里并不富裕，这一家人看孩子可怜，还是热情招待了他，与他分享食物，过了一个温馨的圣诞节。临走时,这个孩子从杉树上折下一段树枝插在雪地上。神奇的是，眨眼间这段树枝变成了一棵挂满各种礼物的大树。孩子对这家人说 :“年年此日，礼物满枝，留下这棵杉树，报答你们对我的好意。”然后这个孩子就不见了。后来，人们都在家中预备一棵圣诞树，挂满各种礼物，以期望带来好兆头。而松、柏作为常绿树，在严寒的冬日，也理所当然地成了圣诞树的首选。

这个充满教育与祝福意义的故事，既启发我们心怀爱心，又十分生动地讲述了圣诞树的由来。

## 86. 樱花树在日本文化里是什么角色

日本的植物种类繁多，最有代表性的非樱花树莫属，在日本文化中扮演着十分重要的角色。

樱花是一种观赏花木，花朵艳丽，令人心旷神怡。而对把樱花作为国花的日本来说，樱花的意义便不单单停留在供人观赏这个层面上了，甚至可以说日本人有着粉红色的樱花情结。樱花已然成为大和民族的象征，扎根到日本文化的深处。樱花不仅能从视觉上给人以美的享受，在视觉震撼力上也不乏代表——山梨县山高神代樱花树，树龄已超过 1800 年、树围 13.5 米，实在是个庞然大物。樱花还能在味觉上满足人的要求，八重关山樱是一种可以制成多种食物的樱花品种，如樱花渍物、樱花酒、樱花汤等，可算是日本春季的特色时令食物。日本人民每到春天都要外出赏花，热情迎接樱花的开放。很多庆典活动,如学校的入学典礼和公司的新人入社仪式，也选在这一季节举行。到了秋天，层林尽染，人们又可以从另一角度欣赏和领略自然的美景，去追寻秋的色彩，尤其是那火红的樱花树叶。

日本把每年的 3 月 15 日至 4 月 15 日定为“樱花节”。

樱花文化作为日本民族文化的象征也传向了世界的其他许多地方。

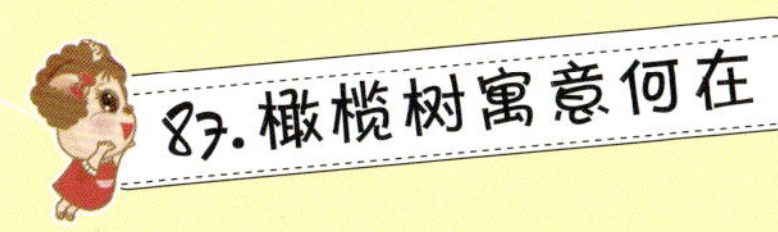

## 87.橄榄树寓意何在

橄榄树耐旱、耐寒，是生长能力很强的长寿树种。橄榄树枝叶茂密，可作为庭荫树、行道树或观果树。橄榄树不仅有较强的吸附烟尘的能力，还能够顽强地抵抗污染。橄榄果实，不只可以食用，还可以入药。用橄榄鲜果榨取的橄榄油，是自然状态的木本植物油，有着天然保健功效，从而被人们誉为“液体黄金”。你一定会说，橄榄树真是浑身是宝啊！但是这些对橄榄树来说还不是全部，我还没开始说它在文化上的重要性呢！

在西方文化里，鸽子和橄榄枝被当作生命与和平的象征。橄榄树最早生于地中海，那里光热充足。1896 年，第一届现代奥运会在希腊举行，冠军奖牌雕有希腊女神雅典娜像，手持由橄榄叶织成的花冠，以象征胜利。2004 年，雅典奥运会火炬的外形是卷起的橄榄叶，表达了促进各国人民沟通与和平的愿望。橄榄树有和平、健康、胜利等多种象征，这寓意可是非同一般呀！

橄榄

## 88. 塞拉利昂人为何那么喜欢木棉树

木棉树是一种在热带、亚热带地区生长的落叶大乔木。木棉的树干虽然粗大，但木质太软，所以用途不大。但是这个世界上，有一个地方的人却十分喜欢木棉树，你知道是为什么吗?

弗里敦位于塞拉利昂半岛北部的丘陵地带，面朝大西洋，背靠郁郁群山，是一座风光秀丽的小城。这里街道整洁，绿树葱茏，建筑物鳞次栉比。到这里旅游的人，都要去市中心参观一棵木棉树。这棵木棉树在市中心的交叉口，有 30 多米高，树龄超过 500 年，挺拔苍翠。木棉树是弗里敦的象征，塞拉利昂的纸币上就印着它的倩影，连学生们的作文比赛也常以“木棉树”为题。你知道塞拉利昂人为什么与木棉树有如此深厚的感情吗？据说，在这棵古树下，曾经是西方殖民者贩卖黑人的“黑奴市场”。现在解放黑奴运动已成为光辉的历史篇章，世界人民，无论肤色、种族，都享受到了平等的人权，塞拉利昂人也成了完全独立的民族，再也不受殖民者的压迫了。如今，这株木棉树下，已成为塞拉利昂人欢度节日的场所。在这株木棉树的北侧，还有一座“木棉树大楼”——这是国家历史博物馆。其实，就连总统府也建在了木棉树附近，人们对木棉树的崇敬可见一斑。

原来，对于塞拉利昂人来说，木棉树的背后竟然藏着这么一个历史故事，怪不得他们那么深爱那株木棉树了。木棉树是塞拉利昂人顽强抵抗侵略，反抗压迫，最终获得和平与自由的标志。

## 89.银杏树何以退出濒危植物名单

在东方，银杏树被认为是一种象征长寿、希望与和平的树木，它精致的扇形树叶美丽优雅，是文学爱好者经常吟颂的对象。银杏树是现存最古老的树种之一，被称为“活化石树”，并且曾濒临灭绝，但现在却经常被人们看到，银杏树到底是怎么退出濒危植物名单的呢？

银杏树为银杏科唯一存留至今的树种，是植物界的“活化石”，对研究第四冰川纪的植物系统发育有重要意义。银杏树具有良好的观赏价值，夏天一片葱绿，秋天金黄可掬，给人以俊俏雄奇、华贵典雅之感。银杏树的叶片、种子还可作药用。银杏树适应能力强，可以绿化环境、净化空气、保持水土、调节气温等，是一个良好的造林、绿化和观赏树种。

银杏树曾一度被认为已经濒于灭绝，但它们今天继续蓬勃生长、遍布各处，这全是因为人们注意到了银杏树的丰富价值，花大力气将银杏树保护了起来。中国政府出资在许多适合银杏树生长的地方建造了特别保护区，银杏树有了自己的家园，可以放心地生长了。除了政府外，居民个人对银杏树的保护也是不可忽略的。银杏树被保留了下来，它美丽的身姿和翩跹的树叶吸引着每一个人。

看来，要保护一种树木，是我们所有人的事。让我们共同贡献一己之力，慢慢地让濒危植物都从“濒危”状态中摆脱出来。

## 90.冬天为什么要把多余的树枝锯掉

小时候，我家院墙外有一株小槐树。每年夏天，它都会长得墨绿墨绿的，撑出一片阴凉。家人在那儿摆上了几个小石凳，吃过午饭，邻居们总爱坐在那里聊天。最爱那株小槐树的要数爸爸，槐树是他亲手栽的，他还经常给小槐树除虫、治病。冬天到了，小槐树的叶片落尽了，光秃秃的，显得很没精神，我恨不得春天马上到来，好让小槐树多长些新枝，尽快抽出嫩叶。可是爸爸却做了一件令人伤心的事，他拿着锯子把小槐树的好多树枝锯掉了——我怎么也想不明白，他为什么要做这种“糊涂事”，于是忍不住跑过去当面质问他。

爸爸告诉我，冬天的时候把多余的树枝锯掉，其实对树木是有好处的。这样可以避免第二年枝杈过多、过弱，影响树木的生长。最重要的一点，锯掉多余的枝枝杈杈还可以修整树形，让树长高、长帅。他告诉我，这叫“修剪整形”。

听了爸爸的解释，我心头的阴云一挥而散了，不但不为小槐树伤心，反而为它感到庆幸。因为春天马上就要来了，那个时候，它就能更茁壮地成长，长成一棵苍翠、健壮的大槐树了！我们还准备来年夏天在树下再放一个小石桌呢！

## 91. 什么是"植树造林"

植树造林是新造或更新森林的生产活动，种植面积较大而且将来能形成森林的，称为造林；面积很小，将来不能形成森林的，则称为植树。

植树造林有很多作用，首先树木可使水土得到很好的保持。树木有同树冠一样庞大的根系，能像巨手一般牢牢抓住土壤。而被抓住的土壤的水分，又被树根不断地吸收蓄存。其次植树造林能防风固沙。要抵御风沙的袭击，必须造防护林，以减弱风的力量。第三是健康作用。树木可加速生态循环，缓解污染，消除噪声。树木是自动的调温器、天然除尘器、氧气制造厂、细菌消毒站、天然消音器。植树造林还能为人类提供许多有用的东西。不少水果、药材都是林产品；茶叶、橡胶、木炭等也是来自林木。

植树造林需要清理和平整土地，通过整地可以清除灌木、杂草，改善幼林的生长情况，提高造林成活率。整地之后就是撒播种子。播种后要盖上一层土，防止种子在裸露条件下不发芽，或者被风吹走，被鸟兽吃掉。除了播种的方法外，还可以通过种植树苗来植树造林。

植树造林并不只是国家的事，而是我们每个公民的义务。

## 92. 什么是“绿带运动”

肯尼亚的马塔伊女士获得了2004年的诺贝尔和平奖。她是自这一奖项设立以来首位获奖的非洲女性。挪威诺贝尔委员会宣布的获奖理由是：作为肯尼亚环境和自然资源部副部长，马塔伊领导的环保组织“绿带运动”，在非洲植树3000多万棵，改善了环境。那么什么是“绿带运动”呢？

这是诺贝尔和平奖首次把环境保护列入评选议程，为和平注入了新的内容。马塔伊一生都致力于环保运动，曾因此而身陷牢狱。她领导的“绿带运动”在非洲地区享有盛名。该运动发起于1977年，1986年“绿带运动”得到极大发展，成立了“泛非绿带网”，植树运动得以在其他非洲国家展开。截至目前，该运动共帮非洲种植了3000万棵树，数万人参与到该运动当中。“绿带运动”的远景是建立一个人人自觉参与改善环境的社会。“绿带运动”利用植树作为突破口，唤醒民众改善生存环境的意识。荒漠化是肯尼亚面临的严重生态问题，数百万人因此忍受干旱和贫穷的折磨，森林覆盖面积太低是导致肯尼亚贫困的最主要原因。马塔伊说：“从和平角度看，环境非常重要。当我植树时，我就播下了和平的种子。”

## 93.在什么时节种树最合适

你们已经知道了树木的重要性，也知道种树的意义所在。那有的人可能要问了，是不是一年四季都能种树？如果是那样就好了，我们现在就可以扛着小铁锹去院子里种一棵树。但是，种树是挑时候的，到底什么时候种树最合适呢？

理论上讲，一年四季都可以栽树。但栽树的最佳时节应在春季。因为，这个时候休眠一冬的树木刚刚苏醒，体力充沛。把它们从苗圃中与土壤短暂分离后，移栽他处非常容易生根。再加上春天阳光温暖、雨水丰富，搬家后的树苗可以赶快补充营养，让自己快快适应新环境，尽快茁壮地成长起来。而在夏季，树木枝繁叶茂，根部需要吸收大量水分才能保持体能，这个时候一旦离开土壤，树木水分就会补给不足。一方面树木喝不足水，渴得要命；另一方面夏天阳光又那么毒，晒得要命，大树根本就承受不下来。秋季种树的话，刚搬过家的树还没有恢复元气，就马上要面临一冬的严寒，水分和根部损耗都比较大。这简直就是雪上加霜，新栽的树怎么受得了呢？至于冬季，天气寒冷干燥，树木一般都进入休眠阶段了，此时种树一定得多加保护才行。

现在大家知道种树的最佳季节了吧？所以，如果种树的话，就选万物复苏的春天吧！那样，你栽下的小树苗啊，一定会活下来，而且一定会健康成长的！

## 94. 你知道植树节的由来吗

3 月 12 日是中国的植树节。那你知道植树节是怎么来的吗？

在植树节开展植树活动是由美国的内布拉斯加州发起的。19 世纪以前，内布拉斯加州是一片光秃秃的荒原，树木稀少，土地干燥，大风一起，黄沙漫天，人民深受其苦。1872 年，美国著名农学家莫尔顿提议在内布拉斯加州设立植树节，动员人民有计划地植树造林。农业局采纳了这一提议，并由州长亲自将每年 4 月份的第三个星期三定为植树节。这一决定做出后，当年就植树上百万棵。此后的 16 年间，又先后植树 6 亿棵，终于使内布拉斯加州 10 万公顷的荒野变成了茂密的森林。为了表彰莫尔顿的功绩，1885 年州议会正式规定以莫尔顿先生的生日 4 月 22 日为每年的植树节，并放假一天。据统计，美国有 1/3 的面积为森林树木所覆盖，这个成果同植树节是分不开的。

据联合国统计，全世界至今已有 50 多个国家设立了植树节，但是各国对植树节的称呼和植树节的时间也不相同：日本称为“树木节”和“绿化周”；以色列称为“树木的新年日”；缅甸称为“植树月”；冰岛称为“学生植树日”；印度称为“全国植树节”；法国称为“全国树木日”；加拿大称为“森林周”。

3 月 21 日是世界林业节。这个节日是由联合国粮农组织正式予以确认的，因而不少国家把这一天定为植树节或植树日。

## 95. 为了防止发生森林火灾该怎么办

森林火灾是一种突发性强、破坏力大、扑救困难的自然灾害，一旦发生就极容易造成生命和财产的重大损失。为防止发生森林火灾我们该怎么办呢?

禁止在林区吸烟、烧烤、焚香烧纸、烧篝火、燃放烟花爆竹等是防止森林火灾发生的必要措施。虽然气温偏高，林下可燃物多可能引发森林火灾，但在已查明的森林火灾中，人为用火不当是引发森林火灾的最主要原因。95% 的森林火灾是人为原因引起的，吸烟、上坟烧纸、春耕生产都可能引发森林火灾。

当森林遇到火灾险情时，要立即报警，说清楚起火地名、火势大小等，以便消防人员准备充分，及时赶到，尽量将损失减小到最低。

对于消防人员来讲，森林火灾蔓延速度快，扑救的最佳时间是火灾初发期。消防人员应遵循“先控制，后消灭，再巩固”的程序，采用多种方法来灭火。扑灭法往往用在火势较弱的场合。可以砍一截长短适合、树叶浓密的常绿树技，沿着火头侧面顺风扑打。在森林火灾蔓延期，应该同时使用隔离法。这时应观察风向和火势，制造防火线，清理可燃物，把森林火灾控制在一定范围之内。灭火之后，要使用土掩法。看到有冒烟的火种就要用泥土把火种盖住，防止火种被风吹走或复燃。

在日常生活中，我们去森林的时候，一定要做好防火准备，因为，再有效的救火措施也不可能将森林恢复到从前的模样。最好的办法就是杜绝森林火源。

## 96. 树干的下半部分为什么要涂成白色

冬天，走在大路上，细心的你会发现，许多树木的树干上涂着一层白白的东西，看上去就像是一列列着装统一、排列整齐的哨兵。这难道是谁的“恶作剧”不成？把树干涂成那样干什么？

其实呀，护树工人给树干涂上的那层白白的东西叫“涂白剂”，是由生碳、油脂、盐、杀菌剂等配成。这项工作叫作“刷白”，高度一般以离地面 1.5 米为佳。一般在入冬前进行刷白，可大大减轻春天病虫危害。除了预防病虫害外，刷白的另一作用是防冻：在冬季，树木向阳面在白天受阳光照射，温度上升，细胞解冻，夜晚温度下降，又重新冻结；这样一冻一化，就会造成树木皮部组织死亡，产生崩裂现象。树木涂白后，就可以大大地减少这一危险。要知道，树皮对树木的生长可是十分重要的，伤了树皮，树就不能好好生长了！

只要在树干上刷上一层涂白剂就可以达到防虫、防冻的双重功效，我们何乐而不为呢？当我们再看到树干被刷成了白色，就知道这不是为了“好玩”而是为了“实用”。看来人们保护树木的方法多着呢！

## 97. 如何帮助大树过冬

冬天来了，小动物们都穿上了最厚的皮草大衣，那些没有御寒衣物的——比如青蛙和小乌龟，则跑进地下开始冬眠了。树木既没有厚皮草，又没有办法躲到温暖的地下室去，那它们该怎么过冬呢？

虽然树木会在冬天脱去一身绿叶，以便保存水分，节省养料，但光是这些是不够的。为了来年春天树木有足够的精力全身心地投入生长，冬天我们可以帮大树一把。新栽的树木因为“水土不服”总是显得身体虚弱，它们要过冬主要应该防寒，我们可以用防寒泡沫或者厚尼龙布包上树干和较大的枝；浇足水，封好树根，这有助于补充树木越冬的水分，也有助于保暖御寒。比较高大一些的树木耐寒能力相对较强一些，可以直接在树干上绑上草席或缠上稻草。这相当于给它们穿了一件外套，虽然不及小动物的皮草保暖，但是对大树来说已经足够御寒了。不能在室外过冬的树木，最好将它们搬进室内或者挪进玻璃温室里；不能搬进室内的，就要做一番处理了，可以整个儿弄个塑料膜罩一下。这样既减少了水分的蒸发又隔绝了寒冷的北风，有助于树木过冬。

现在，你知道怎样帮助树木过冬了吗？如果你仔细观察，多想想，说不定还能发现其他好办法呢！

树枝是连接树叶和树干的媒介，既要把树根获得的水分和养料输送到枝头，还要将叶片通过光合作用制造的养料输到树干上。

樟树的特殊香味可以驱虫，甚至不需要园丁为它喷洒农药。

# 互动问答
# Mr. Know All

001.下列哪个选项不能表明树木的重要性？

A.树木可以生产木材

B.树木叶形、叶色多变

C.树木是大自然重要成员

002.树木的定义使树木区别于下列选项中的哪种植物？

A.乔木

B.小草、蘑菇、木耳

C.灌木

003.树木由哪几个部分组成？

A.树根、树叶、树枝和树干

B.刺、花、果实和落叶

C.树体和树叶

004.树木的哪个部位可以生产木材？

A.树叶

B.树干

C.树根

005.根据高低和树干的特征，树木可以分为哪几类？

A.针叶树和阔叶树

B.大木和小木

C.乔木和灌木

006.根据叶片的形状，可以将树木划分为哪几类？

A.针叶树和阔叶树

B.掌形树和棒形树

C.针形树和落叶树

007.根据树木在园林中的用途，可以将树木分为哪几类？

A.可吃的，可以看的，可以闻的树

B.绿叶木、红叶木和紫叶木

C.风景树、行道树、室内装饰树

008.树木是如何进行分类的？

A.一种树木一种分类

B.根据颜色

C.根据树的特征、叶片形状和园林中的用途

009.春天和夏天新生木质有什么特征？

A.柔软

B.坚硬

C.疏松

010.秋天新生木质有什么特征？

A.紧密

B.疏松

C.柔软

**011.通过数什么可以得出树木的年龄？**

A.树枝的多少

B.年轮

C.树根的条数

**012.树干粗的树木，年龄比树干细的树木大还是小？**

A.大

B.小

C.不能确定

**013.人们为什么要睡觉？**

A.为了接下来能更好地工作

B.为了做梦

C.为了消磨晚上的时间

**014.下雨的时候树木不能做什么？**

A.树叶洗澡

B.游泳

C.树根喝水

**015.下面哪些不是树木睡觉的表现？**

A.停止光合作用

B.大口大口喝水

C.减少水分蒸发和能量消耗

**016.树木是怎样睡觉的？**

A.走着睡

B.躺着睡

C.站着睡

**017.什么是绿篱？**

A.漆成绿色的篱笆

B.由灌木或小乔木紧密种植而成的绿墙

C.是一种植物

**018.下列选项中，哪项不是绿篱的别称？**

A.绿墙

B.漆成绿色的篱笆

C.绿树丛

**019.什么是彩篱？**

A.漆成彩色的篱笆

B.由多种叶色的植物交互种植而成的绿篱

C.由不同颜色的树枝组成的篱笆

**020.下列选项中，哪项不是绿篱的作用？**

A.防范作用

B.屏障作用

C.防火作用

021.光合作用相当于人类的下列哪项活动？

A.吃饭
B.呼吸
C.说话

022.什么是光合作用的主要原料？

A.硫酸
B.氧气
C.水和二氧化碳

023.光合作用会释放出什么？

A.二氧化碳
B.水
C.氧气

024.什么东西离不开光合作用？

A.仅动物
B.仅植物
C.整个生物界

025.夏天清晨，小桐树下湿漉漉的，下列哪个选项说出了事情的真相？

A.小桐树哭了
B.小桐树洗脸了
C.树木蒸腾作用形成水汽发生液化造成的

026.一株成年树木，一天可以蒸发多少水？

A.数百千克
B.数十千克
C.数千千克

027.在夜晚，树叶蒸发出的水汽会发生什么现象？

A.升华
B.液化
C.固化

028.蒸腾作用对树有什么好处？

A.夏天降低叶片温度
B.清洁树叶
C.吸引昆虫传粉

029.假年轮是如何形成的？

A.气候和虫害影响
B.人为刻上的
C.树木开的玩笑

030.下面哪种情况不会出现假年轮？

A.一年内寒暖交替多次
B.一年内风调雨顺，无非正常落叶
C.一年内叶生叶落多次

**031.一年之内的假年轮有几个？**

A. 无数个

B.一年内的年轮总数减去一个真实的年轮

C.无法计算

**032.出现假年轮怎样计算树木的年龄？**

A.大概计算

B.所有年轮的总数就是树木的真实年龄

C.直接量树干的粗细

**033.人类生存必需的是什么？**

A.二氧化碳

B.氧气、水分、食物

C.硼

**034.在吸水的石头上可以长出树苗，说明什么？**

A.植物生长需要很多很多奇怪的元素

B.树木的生长并不需要太多条件

C.我们应该爱护树木

**035.下列哪一选项不是树木获取营养的方法？**

A.补钙

B.光合作用

C.树根吸收养料

**036.树木生长需要什么样的条件？**

A.简单条件即可

B.极其复杂、苛刻的条件

C.需要大量的钙、铁、锌

**037.最常想到的树木的经济价值是什么？**

A.生产氧气

B.用来治病

C.木材生产木器、家具

**038.下面哪些没有体现树木经济价值？**

A.增加土壤肥力

B.呼吸氧气

C.生产木材

**039.天生我材必有用中“材”的原义是什么？**

A.白桦树

B.木材

C.松树

040.是伐掉一棵树木带来的经济利益大还是保住一棵树木带来的经济效益大？

A.保住一棵树木

B.伐掉一棵树

C.二者相等

041.下列选项中，哪一个不是描绘没有树的世界的？

A.狂风大作

B.干干净净

C.一片燥热

042.没有树，地球会沙尘大作，是什么原因？

A.树有防风固沙的作用

B.树可以吸收二氧化碳

C.树可以释放氧气

043.没有树会发生泥石流，是什么原因？

A.树可以吸收石头

B.树可以保持水土、涵养水分，就不容易形成泥石流

C.树可以挡住泥石流

044.树带给人类最大的效益是什么？

A.住房

B.木材

C.生态效益

045.哪种地方没有树？

A.水畔

B.山旁

C.火山喷发的岩浆

046.哪种树可能无法在沙漠中生存？

A.骆驼刺

B.梧桐

C.白杨

047.卷柏为何又叫“九死还魂草”？

A.在长期干旱后只要根系在水中浸泡后就又可以活过来

B.会跑

C.根可以从土壤中分离

048.骆驼刺是怎样适应沙漠中的环境的？

A.根系发达，地上的部分却长得很小

B.不长叶，只长刺

C.变成“勇士”

**049.海洋中有树吗？**

A.有

B.没有

C.尚未发现

**050.红树为什么叫“红树”？**

A.一个恶作剧

B.红树叶中的“单宁酸”在红树被砍伐后会发生氧化，变成红色

C.生物学家的自作主张

**051.红树一年开几次花？**

A.一次

B.两次

C.红树花常开不败

**052.红树种子是如何脱离树体的？**

A.风吹

B.长成幼苗后利用自身重量扎入淤泥中

C.果实的腐烂

**053.小树苗从石头缝里长出来让人想到了什么？**

A.树的坚强

B.树和石头是好朋友

C.树在石头里长不大

**054.树的种子能自己选择落脚的地方吗？**

A.可以

B.不可以

C.树的种子只能在岩石缝中生长

**055.为什么说落在岩石里的种子是不幸的？**

A.落在岩石中的树种很孤单

B.岩石中没有松软肥沃的土壤，没有充足的水分

C.落在岩石中的树种根本不能发芽

**056.在岩石中发芽的种子为了谋生，通常会怎么做？**

A.迁徙

B.请求人类的帮助

C.把自己的根扎深一些

**057.南北极有没有树木？**

A.没有

B.有

C.不好说

**058.南北极有没有适宜树木生长的条件？**

A.有适宜的温度

B.没有

C.有肥沃的土壤

059.南北极的气温是怎么样的？

A.温暖

B.不冷不热

C.寒冷

060.南极、北极有没有适宜树木生长的土壤？

A.有

B.没有

C.冰雪消融之后有

061.树叶对树木自身有什么作用？

A.做标本

B.光合作用，制造树木生长所需要的养分

C.制造氧气

062.下列选项中哪项不是表明树叶可以净化空气的？

A.树叶遮挡阳光

B.净化灰尘

C.净化毒素

063.下面哪一项不是树叶的用处？

A.作为食物

B.用于治病

C.开花结果

064.树叶是怎样表明季节的？

A.颜色的不同

B.四季中树叶形态的变化

C.大小的不同

065.春天的树木是什么样的？

A.开始结果

B.开始落叶

C.开始发芽

066.夏天的树木是什么样的？

A.树叶变大、变绿

B.开始落叶

C.穿上一身“白衣服”

067.秋天的树木是什么样的？

A.开始发芽

B.开始落叶

C.穿上一身“白衣服”

068.冬天的树木是什么样的？

A.树叶变大变绿

B.开始落叶

C.有些树穿上一身“白衣服”

069.树干像人的什么？

A.四肢

B.头部

C.躯干

070.树干有什么功能？

A.光合作用

B.运输养料

C.吸收养分

071.树干的最外层是什么？

A.树皮

B.韧皮部

C.边材

072.树干的韧皮部有什么作用？

A.从树冠向树根运输养料

B.从树根向树冠运输养料

C.保护树体

073.许多动物通过什么来维持生存？

A.吸收阳光

B.食草

C.吸收水分

074.大树通过什么维系生存？

A.光合作用

B.食草

C.食肉

075.叶绿体的主要作用是什么？

A.吸收水分

B.吸收氧气

C.光合作用

076.哪一种生命的细胞有细胞壁？

A.动物

B.植物

C.人

077.大多数树以什么传播后代？

A.树叶

B.种子

C.花朵

078.裸子植物的名字是由什么引申而来的？

A.裸露的种子

B.不长叶子

C.没有树皮

079.被子植物有何特点？

A.种子包裹在果实中
B.种子裸露
C.产生孢子

080.桫椤树有什么特点？

A.不用开花就结果
B.开花但不结果
C.不开花也不结果

081.合欢树的叶子在夜晚会怎样？

A.合起来
B.生病
C.脱落

082.合欢树和什么植物很像？

A.含羞草
B.花生
C.大豆

083.还有哪些植物有典型的“睡眠运动”？

A.花生、大豆
B.西瓜
C.杨树

084.合欢树在晚上合上叶子有什么好处？

A.不接受夜晚的毒物
B.不怕黑
C.好好休息，防止水分流失

085.下列选项中，哪一种不是树木获取养料的方式？

A.树根的吸引作用
B.树叶的光合作用
C.树枝的光合作用

086.下列选项中，哪一个不是树枝的作用？

A.保持树木的平衡
B.从土壤中吸收水分
C.连接树干和树叶

087.树枝为什么要伸展？

A.遮风挡雨
B.使枝头更多的绿叶能接触阳光
C.更加美观

088.树枝发挥什么作用？

A.光合作用
B.制造养料
C.输送养料和水分

089.我们看一棵树时总是先看到什么？

A.树根
B.年轮
C.树冠

090.树的组成部分中，位于地下的是什么？

A.树根
B.树干
C.树冠

091.树冠名字的由来是什么？

A.形状像奖杯
B.形状像鸡冠
C.形状像帽子

092.树冠对树木有什么作用？

A.遮阴
B.增强光合作用
C.没有作用

093.下面哪个故事和树洞有关？

A.《皇帝的新衣》
B.《布里丹的驴子》
C.《皇帝长了驴耳朵》

094.大熊和小松鼠是怎样弄出树洞的？

A.它们在树干上磨牙
B.它们挖树干作为自己的住所
C.它们喜欢在树干上练习自己的“爪”上本领

095.下列选项中哪一种不是树洞形成的原因？

A.理发匠对着树干说出了国王的秘密，因而形成了树洞
B.寄生类植物杀死寄主后形成空心
C.年老的树木，树心自然死亡

096.寄生植物形成的树洞是怎么回事？

A.被寄生的植物受了伤，形成了树洞
B.寄生植物杀死了被寄生的植物，树内部就长成了空心的
C.文中没有说

097.下列哪一项不是树皮的作用？

A.装饰
B.防寒
C.运输养料

098.树皮为什么可以运输养料?

A.韧皮部里有许多管道

B.树皮很厚

C.树皮可以吸水

099.“人怕伤心，树怕剥皮”这句话是为了说明什么?

A.树皮就像人心

B.树伤了皮会很疼

C.树皮对树的生长至关重要

100.下列哪一项不是树皮的应用?

A.可以制造人造板

B.可以用来做被子

C.可以制造肥料

101.下列选项中，哪项不是树叶的作用?

A.可以稳定树体

B.进行光合作用

C.吸收阳光

102.总体上说，可以将树叶分为哪两种?

A.阔叶和针叶

B.绿叶和黄叶

C.圆叶和方叶

103.银杏树的叶子像什么?

A.手掌

B.扇子

C.蜜蜂

104.为什么把槐树叶叫作羽状复叶?

A.它是羽毛生成的

B.像龙舟两旁的桨一样对称

C.因为对称而生且呈羽毛状

105.松树的叶子，和下面哪一项比较像?

A.梧桐的叶子

B.绣花针

C.白杨的叶子

106.针形叶对松树过冬有什么好处?

A.减少水分蒸发

B.可以被用做圣诞树

C.树叶上不会有积雪

107.松叶的寿命有多长?

A.1 年

B.2 年

C.3 ~ 5年

**108.松树是怎样换叶的?**

A.缓慢更替

B.每年秋天落光、春天长出新叶

C.在冬天长出新叶

**109.哪个国家被称为“枫叶之国”?**

A.澳大利亚

B.英国

C.加拿大

**110.枫叶和其他叶片相比,除了叶绿素外还含有什么色素?**

A.花红素

B.花青素、类胡萝卜素

C.叶红素

**111.秋天,枫叶中的花青素是怎样多起来的?**

A.叶子里的养料分解成的葡萄糖有利于花青素的产生

B.花青素自行生殖

C.人工注射

**112.花青素遇到哪种物质会变红?**

A.碱性物质

B.酸性物质

C.叶绿素

**113.下面树的组成部分中,几乎不露面的是哪一部分?**

A.树皮

B.树根

C.树叶

**114.在充当“脚”的角色时,树根有什么作用?**

A.帮助树木站立

B.吸收养料

C.根雕

**115.充当“嘴”的角色时,树根有什么作用?**

A.站立

B.吸收营养

C.药材

**116.根雕是用什么制成的?**

A.树干

B.树根

C.树皮

**117.通常植物开花和结果的顺序是怎样的?**

A.先开花后结果

B.开花的同时结出果实

C.先结果再开花

118.怎样形容无花果树最贴切？

A. “看似无花却有花”
B.无花
C.无果

119.无花果树到底有没有花？

A.无
B.有，在花托膨大成的肉球中
C.有的有，有的没有

120.我们吃的无花果其实是什么？

A.无花果树的叶子
B.无花果的果实
C.无花果花托形成的肉球

121.下列选项中，哪一个不是紫薇树的别名？

A. “惊儿树”
B. “猴刺脱”
C. “落落树”

122.紫薇树为什么又叫“怕痒树”？

A.一碰它，就会摔倒
B.它怕羞
C.摸一摸它的枝干，它便会左右摇摆

123.胶动蛋白一般常见于什么体内？

A.动物
B.植物
C.花草

124.紫薇树又叫“猴刺脱”的由来是什么？

A.年年脱树皮
B.紫薇树长刺
C.猴子喜欢它

125.迎客松名字的由来是什么？

A.它的身姿像人伸出臂膀欢迎远道而来的客人
B.它长相亲切
C.它会拍手欢迎远方而来的客人

126.下列哪一选项不是黄山冬天的气候特点？

A.严寒
B.多雾
C.风大

127.除了气候因素以外，造就迎客松身姿的另一原因是什么？

A.生长位置

B.空气

C.风

128.迎客松有什么象征意义？

A.孤傲

B.愧疚

C.中华民族热情好客

129.花园里的“四月雪”是怎么回事？

A.天气突然转冷造成的雪花

B.杨柳的种子

C.白色污染

130.杨柳是怎样传播自己的种子的？

A.胎生

B.直接坠落在土壤里

C.借助风的帮忙

131.飘散的杨树、柳树的种子为什么被称为“四月雪”？

A.毛茸茸、轻飘飘，看起来像雪

B.像雪的形状，落地会融化

C.和雪花的形成过程一样

132.“梨花淡白柳深青，柳絮飞时花满城”是谁写的？

A.李白

B.杜甫

C.苏轼

133.冬青树的果实是什么颜色？

A.红色

B.绿色

C.白色

134.冬青叶的脉络呈现出什么形状？

A.条状

B.羽毛状

C.心形套着心形

135.冬青叶的表面有一层什么物质？

A.水雾

B.蜡质

C.白膜

**136.冬青树有什么特点？**

A.不会死

B.冬天是绿色的，夏天是红色的

C.果实冬天不落

**137.樟树为什么不用喷洒农药？**

A.太高，无法喷洒农药

B.樟树散发的香味可以驱虫

C.樟树自己会分泌毒液

**138.香樟树何以成为道路和工厂里最常种的树之一？**

A.樟树吸烟滞尘，净化空气

B.价格便宜

C.特别容易成活

**139.香樟树何以成为理想的木材？**

A.不怕火

B.无色无味

C.有特殊香气，下载下于下抗腐、驱虫

**140.日常用的樟脑是哪来的？**

A.树上结的

B.从果实中取出

C.从樟树的根、茎、枝、叶中提炼的

**141.下列哪一选项不是楝树苦味的功效？**

A.净化二氧化硫

B.侵蚀人们的身体

C.杀灭多种细菌、病毒

**142.在室内种植楝树有什么好处？**

A.净化二氧化碳

B.杀菌、消毒

C.遮挡苦味

**143.为什么说楝树有驱虫的作用？**

A.蚂蚁、蟑螂、蚊、蝇这些小虫闻到楝树的苦味就不敢靠近了

B.苦味可以毒死虫子

C.楝树可以吞食虫子

**144.应该怎样看待楝树的苦味？**

A.楝树的苦味是一种“良药”

B.没有苦味的药不是好药

C.既要苦舌头又要苦鼻子

**145.猴面包树是世界上可以长得最怎么样的树？**

A.细

B.高

C.粗

146.猴面包树的树干为什么那么粗？

A.为了适应干旱的环境

B.以肥为美

C.为了不让猴子爬上去

147.下列哪项不是猴面包树的生活特技？

A.“脱叶术”

B.“吸水法”

C.枝繁叶茂

148.为什么称猴面包树为“储水塔”？

A.会分泌水

B.爱喝水

C.木质能装水

149.橡胶树在印第安语中有什么含义？

A.“爱撒娇的树”

B.“流泪的树”

C.“流奶的树”

150.橡胶树的树汁是什么颜色的？

A.乳白色

B.墨绿色

C.清水色

151.橡胶“树汁”是下面什么的来源？

A.陶瓷

B.天然橡胶

C.塑料

152.橡胶树“流泪”流的是什么？

A.胶乳

B.牛奶

C.清水

153.光棍树名字的由来是什么？

A.只长绿枝，不长叶子

B.因为穷

C.因为它总是孤零零的一棵

154.下列哪一选项不是光棍树的别名？

A.青珊瑚

B.绿玉树

C.发财树

155.叶子变小，对光棍树有什么好处？

A.节省水分

B.凉快

C.不生虫

156.光棍树光秃秃的样子是怎么形成的？

A.被动物吃了

B.为了适应严酷的生存条件，长期演化而形成

C.为了美观

157.春天有什么美中不足？

A.雨水少

B.会出现沙尘暴

C.十分寒冷

158.树木在防沙尘方面有什么特征？

A.里应外合

B.标本兼治

C.声东击西

159.哪个词语可以恰当地形容树木过滤沙尘的功能？

A.粉尘过滤器

B.吸尘器

C.沙尘净化器

160.树木在防沙尘方面是怎么“治本”的？

A.阻止台风上陆

B.将沙尘重新变为土壤

C.涵养水土防止土地荒漠化

161.根据统计，城市绿化面积增加10%的话，当地夏季气温会降低多少？

A.20摄氏度

B.10摄氏度

C.1摄氏度

162.树木是如何通过光合作用达到降温目的的？

A.吸收温室气体

B.释放氧气

C.释放水气

163.树木是如何通过蒸腾作用来达到降温目的的？

A.蒸腾出水分子，蒸发吸热

B.将热气蒸腾到树叶中去

C.将热气蒸腾到半空中去

164.为什么有的人喜欢跑到农村去消夏？

A.农村绿化少，更干净

B.农村绿化面积大，夏天比较凉爽

C.在农村可以出更多的汗

165.哪一个不是在室内种植盆栽树的好处？

A.可以使我们亲近大自然

B.使居室变得更美观、诗意

C.让房间充满灰尘

166.在挑选室内盆景树的时候，为什么尽量要挑选耐阴的树木？

A.因为室内光线相对较暗

B.因为室内普遍潮湿

C.因为树木搬入室内就不再进行光合作用了

167.下面哪种树适合种植在室内？

A.榕树

B.罗汉松

C.猴面包树

168.下面哪种室内观赏树被称为绿色“吸尘器”？

A.橡皮树

B.榕树

C.迎客松

169.在马路两旁种上树，有什么好处？

A.防止交通事故

B.遮阳、降温、改善空气质量

C.结果子

170.为什么要在马路旁种一些抗污染的树？

A.防止攀折

B.马路旁空气污染严重

C.这种树价格便宜

171.两棵树一年可以吸收一辆汽车行驶多少千米排放的污染物？

A.32 千米

B.16 千米

C.8 千米

172.当城市的绿化面积达到 60% 时，空气污染可以得到控制吗？

A.不能

B.可以

C.不确定

173.多种一公顷树木，可以多储存多少水？

A.1000 立方米

B.2000 立方米

C.3000 立方米

174.树木吸水后会保存在哪里？

A.根部和树干中

B.叶片里

C.树皮里

175.春天过后，土壤的结构就像什么？

A.一片沙滩

B.一个水库

C.一块干海绵

176.为了保持水土，我们应该怎么做？

A.多修水库

B.多种树

C.多进行人工降雨

177.10 米宽的林带能使噪声减弱多少？

A.3%

B.30%

C.10%

178.林带、绿篱像什么？

A.墙

B.砖

C.作料

179.树木会消弱噪声吗？

A.树木有消音作用

B.有时可以

C.不能

180.噪声消除不完怎么办？

A.堆积成噪声

B.放行

C.通过反射减弱

181.软木塞适宜作葡萄酒瓶塞的特点是什么？

A.多孔透气

B.非常柔软

C.是由木头制成的

182.用多孔的软木塞封瓶，葡萄酒为什么不会洒出来？

A.与酒接触后软木塞会膨胀，塞紧了酒瓶口，小孔非常细密

B.因为用软木塞封口后还要再用蜡封一层

C.因为软木塞外面裹了一层薄塑料膜

183.软木的材料取自哪一种树？

A.西班牙松树
B.葡萄牙软木橡树
C.印第安软木柏树

184.下列哪一选项不是选择葡萄牙软木橡树的树皮做软木塞的原因？

A.这种树的树皮厚
B.适合葡萄酒保存
C.这种树的树皮又硬又结实

185.槐米可以吃吗？

A.不可以
B.只能吃一点点
C.可以

186.槐米是什么？

A.槐树的花蕾
B.槐树的叶
C.一种小米

187.为什么叫作“槐米”？

A.因为形状像米
B.因为闻起来像米的香味
C.因为它可作为米来蒸饭

188.什么时候采摘的槐树的花叫“槐花”？

A.半开时
B.全开时
C.未开时

189.除了松柏以外，在墓地会经常见到别的树吗？

A.比较少见
B.完全不会
C.经常见其它树种

190.在墓地种植松柏，为什么有子孙绵延的象征？

A.松柏是绿色的
B.松柏的寿命极长
C.松柏长得高大

191.人们一般在什么时候进行扫墓祭奠亲人？

A.清明节
B.端午节
C.重阳节

192.松柏还能象征逝者怎样的性格？

A.耿直
B.活泼
C.温柔

193.哪个故事里提到了人参果树？

A.《西游记》

B.《山海经》

C.《搜神记》

194.下列哪一选项，不是《西游记》中对人参果树的描述？

A.三千年一开花，三千年一结果，再三千年才能成熟

B.人参上结的果子

C.吃一颗可以长生不老

195.现实中的人参果是什么样的？

A.其貌不扬，味道平平

B.味道甜美

C.吃了可以长生不老

196.观赏植物店的“人参果树”的真实身份通常是什么？

A.苹果树

B.橘子树

C.梨树

197.香椿的别名是什么？

A.“人间美味”

B.“群芳之首”

C.“树上蔬菜”

198.下列哪一选项不是香椿叶的特点？

A.叶片厚实

B.绿叶红边

C.干瘪薄脆

199.想一年四季都吃香椿味的人想出了什么办法？

A.在家中种植香椿树随时摘取

B.将香椿叶晒干磨碎，储存起来当作调料

C.把香椿叶阴干储存，随时取用

200.下列哪一项不是香椿的功效？

A.美容养颜

B.治疗感冒

C.增强人体免疫力

201.西谷米其实是什么？

A.一种淀粉制品

B.一种旱稻

C.一种小麦

202.下列哪一选项不是西谷米的来源？

A.西谷椰树

B.西米棕榈

C.西米布丁树

**203.我们经常吃的下列食物中，哪个不是用西米粉做成的？**

A.布丁
B.珍珠奶茶中的“珍珠”
C.年糕

**204.为什么多吃西谷米对体质虚弱的人有好处？**

A.让人马上变强壮
B.增强免疫力
C.红色食物补充能量

**205.树林中的害虫有哪些？**

A.金龟子、天牛
B.蚯蚓、蛀虫
C.蜘蛛、蜻蜓

**206.啄木鸟的嘴有什么特点？**

A.又细又小
B.又尖又长
C.又圆又扁

**207.啄木鸟的舌头有什么特征？**

A.柔软灵活
B.坚硬无比
C.舌尖有钩

**208.啄木鸟有什么之称？**

A.“森林鼓手”
B.“森林木匠”
C.“树木医生”

**209.下列选项中，对树木这把“伞”的说法，正确的是哪个？**

A.适合做“阳伞”，不适合做“雨伞”
B.适合做“雨伞”，不适合做“阳伞”
C.既适合做“雨伞”又适合做“阳伞”

**210.闪电容易击中什么样的物体？**

A.较大的物体
B.较长的物体
C.较高的物体

**211.下雨天站在树下，为什么不与大树接触也会被电到？**

A.因为鞋子是导体
B.雷电流经大树会产生高压通过空气对人体放电
C.因为树有缝隙，不能阻隔所有的雷电

**212.雷电离你很近时，应该怎么做？**

A.躲在树下
B.赶快跑回家
C.立即停止行走，两脚并拢蹲下

**213.下列选项中，哪个对树木的生长状况不是决定性的？**

A.有“树木医生”

B.气候、水质

C.土壤和水质

**214.下列选项中，哪一个是我国重要的地理分界线？**

A.秦岭—淮河一线

B.黄山—黄河一线

C.秦岭—秦淮河一线

**215.秦岭—淮河一线南北的地理环境有何差别？**

A.以南属于热带，以北属于寒带

B.以南属于亚热带气候，以北则属于暖温带气候

C.以南属于亚热带，以北属于亚寒带

**216.橘树移植北方后变成了枳树，主要原因是什么？**

A.种的品种不同

B.培养方法不对

C.地理、气候发生了变化

**217.为什么说蝉安土重迁呢？**

A.因为蝉不爱飞

B.因为蝉的一生都离不开树

C.因为蝉喜欢唱歌，讨厌居无定所

**218.蝉的针形口器可以用来干什么？**

A.吸食树汁

B.刺死自己的竞争者

C.唱歌

**219.蝉幼虫大部分时间在哪里生活？**

A.树下土壤里

B.树枝上

C.树叶上

**220.蝉幼虫在哪里完成蜕变？**

A.地下

B.地表

C.树上

**221.“旗形树”的树冠是什么样的？**

A.像一面随风飘展的旗帜

B.等边三角形

C.方形

222.旗形树长成那样是什么原因造成的？

A.人工修剪

B.空间不够

C.风成偏形

223.旗形树迎风的一面是什么样的？

A.水分蒸发快，新枝生长缓慢甚至枯萎

B.长势很好

C.树叶稠密

224.为什么称旗形树为活的气候风向标？

A.因为它会随着风的方向变换自己的姿势

B.因为它喜欢在有风的地方生存

C.因为通过树冠的形状可以判断盛行风向

225.为什么山楂树象征了西北地区人民吃苦耐劳的精神？

A.山楂树结果多

B.山楂树适应性很强

C.山楂树的果实是酸的

226.下列哪一选项，不是山楂树生存能力强于其他果树的原因？

A.顶端优势强

B.结果小

C.树冠非常小

227.顶端优势强给山楂树带来了什么好处？

A.树冠较大，光合作用的能力强

B.结果又多又大

C.开花又多又久

228.山楂树的果实有何特点？

A.小，果肉薄，酸

B.大，甜，多汁

C.白色的果皮较厚

229.“树中树”是怎样一种现象？

A.植物间的“睦邻友好”

B.植物间的“家庭传统”

C.植物间的“竞争现象”

230.寄生树的种子通常有什么特点？

A.小，外壳坚硬

B.散发出恶臭，昆虫和鸟类不敢接近

C.会飞

231.下列哪项不是寄生树汲取养料的主要方式？

A.从雨水汲取

B.从土壤里汲取

C.汲取寄主的营养

232.宿主树的最终下场会怎样？

A.与寄生树成为同一株树

B.杀死寄生树，维护自己的权益

C.枯竭死亡

233.海南岛最美的风景是什么？

A.椰子树，碧海，蓝天

B.花朵

C.鱼

234.把椰子树种在哪儿可以保证行人的安全？

A.人行道边

B.海边

C.家门口

235.椰子果落进海里之后会怎么样？

A.漂浮到岸边，重新发芽

B.沉入海底，成为鱼的食物

C.快速腐烂

236.为什么说椰子树长在海边是一种生存智慧？

A.海边水多

B.海边风光好

C.海水可以帮忙散布种子，给椰子树繁殖提供机会

237.“有心栽花花不开，无心插柳柳成荫”这句话可以从侧面说明什么？

A.花不容易开放

B.柳树容易成活

C.不该费心去做做不成的事

238.柳树生存能力强得益于哪种化学物质？

A.阿莫西林

B.水柳酸

C.水杨酸

239.水杨酸是哪种药物的主要原料？

A.阿莫西林

B.盐酸

C.阿司匹林

240.柳树的根有什么特点？

A.有许许多多的气根

B.有许许多多的须根

C.入土较浅

241.森林中有些突然“摔倒”的树木可能是怎么回事？

A.承受不了自身的重量

B.树木躺倒休息

C.是河狸啃断的

242.野生动物中最厉害的“建筑师”要属谁？

A.燕子

B.兔子

C.河狸

243.为什么说河狸是“水利工程师”？

A.因为它会建水坝

B.因为它懂得如何辨别水的流向

C.因为它生活在水里

244.河狸在哪里建筑自己的窝？

A.用水坝围成的“人工湖”的水面上

B.水下

C.啃倒的树木里

245.下列哪一项不是树木的作用？

A.固定土壤

B.增大风速

C.存储水分

246.下列哪一选项不是山上形成泥石流的原因？

A.山有一定坡度

B.山上的土壤较固定

C.山有一定高度，水往低处流

247.从防止泥石流的角度说，山上种满了树，就好比是什么？

A.给山盖了一条毯子

B.给山打了桩

C.给山涂了一层绿色

248.人们是根据什么造出“青山”这个词的？

A.因为山一直很年轻

B.因为山上长满了树，看上去青青翠翠的

C.青山是一个人的名字

249.苦槠树对什么气体有很强的抵抗性？

A.二氧化碳

B.二氧化硫

C.氢气

250.苦槠树群落多分布在哪儿？

A.牛首山阳坡的中、上地段

B.南方

C.北方

251.苦槠树结出的果子像什么？

A.苹果

B.核桃

C.板栗

252.“苦槠豆腐”是用什么制成的？

A.苦槠树的叶子

B.苦槠树果实中的淀粉

C.苦槠树树干中的淀粉

253.胡杨树常见于哪里？

A.道路两旁

B.荒漠之中

C.河边

254.中国生长胡杨树最多的地区是哪里？

A.准噶尔盆地

B.吐鲁番盆地

C.塔里木

255.塔里木的胡杨树主要分布在哪里？

A.沙丘之上

B.塔里木河和孔雀河的两岸

C.河床之上

256.下列哪一选项不是对胡杨树的称呼？

A.“三千年之木”

B.“大漠英雄树”

C.“百年枯木”

257.生活在树上的小动物，哪一个没有巢穴？

A.喜鹊

B.树懒

C.松鼠

258.下列选项中哪一种食物伯劳鸟不会挂在树上等以后饿了再吃？

A.青草

B.蚂蚱

C.老鼠

259.花豹喜欢在树上吗？

A.从不在树上

B.喜欢

C.不在树上吃东西

260.除了吃和睡之外，树木还是小动物进行什么活动的场所？

A.游戏和锻炼身体

B.喝水

C.洗澡

261.世界上最硬的树木是什么？

A.橡树

B.铁梨树

C.铁桦树

262.铁桦树的木头比橡木硬多少倍？

A.3 倍

B.1 倍

C.10 倍

263.下列哪个选项是错误的？

A.铁桦树树皮主要呈暗红色

B.铁桦树树皮可能接近黑色

C.铁桦树树皮像其他桦树一样呈现纯白色

264.下列哪一地区没有铁桦树？

A.朝鲜南部

B.俄罗斯南部海滨一带

C.中国南方

265.古老的树木可以存活达多少年？

A.数十年

B.数百年

C.数千年

266.“芝加哥树桩”是怎么回事？

A.一种游戏

B.一个饭店的名字

C.一棵古老的巨杉的被砍后留下的树桩

267.下列哪一选项不是台湾阿里山神树的特点？

A.个头小

B.生长缓慢

C.非常长寿

268.世界上最古老的树是下面哪株？

A.塞意阿巴库树

B.玛士撒拉树

C.巨杉

269.普陀鹅耳枥的命名人是谁？

A.钟观光

B.郑万钧

C.袁隆平

270.普陀山有几株鹅耳枥古树？

A.只有一棵

B.40 余棵

C.满山遍野

271.普陀鹅耳枥有什么特点？

A.雌雄同株

B.花期是每年的九月底到十月初

C.树木喜阳、喜湿

272.普陀鹅耳枥有没有繁衍后代？

A.没有

B.已由科研人员通过试验实现繁育树苗

C.雌雄同株，自己繁育树种和树苗

273.下列哪一种东西最毒？

A.银杏树

B.红背竹竿草

C.见血封喉树

274.伤口触到见血封喉的乳白色树汁后，不会出现下列哪种情况？

A.过度兴奋

B.心脏麻痹

C.窒息

275.用什么可以解见血封喉的毒？

A.红背竹竿草

B.青钠霉素

C.万灵丹

276.为何见血封喉又叫箭毒木？

A.木材用于做箭

B.树汁液涂于箭尖用于狩猎

C.是以原产地命名

277.尔威兹加树生活在哪儿？

A.南极

B.喜马拉雅山

C.非洲的喀拉哈里沙漠

278.尔威兹加树的树冠是什么样的?

A.旗形的

B.圆的

C.长方形的

279.一株30厘米高的尔威兹加树可能有多大?

A.100岁

B.1岁

C.5岁

280.尔威兹加树要长多少年，才能达到毛竹一天生长的高度?

A.100年

B.333年

C.10年

281.望天树生活在哪儿?

A.热带雨林

B.赤道

C.沙漠

282.望天树的树干有什么特点?

A.弯曲成弧

B.多杈

C.笔直，不分叉

283.下列哪一个不是望天树的别称?

A.“万树之王”

B.“树中奇葩”

C.“林中巨人”

284.“空中树冠走廊”在什么地方?

A.黄石公园

B.西双版纳国家自然保护区

C.巴西

285.世界上什么树生长最快?

A.尔威兹树

B.速生杨

C.竹子

286.一段10厘米长的速生杨树枝，插进土壤中，一年可以长多高?

A.约7米

B.约70米

C.约1米

287.速生杨为什么会长那么快?

A.天生的

B.科技改造的结果

C.基因突变的结果

288.速生杨的研究给什么行业带来了好远景？

A.经济性木材的生产

B.食品行业

C.医药行业

289.世界最高树的故乡在哪儿？

A.亚马孙河流域

B.北美和澳大利亚

C.东南亚的热带雨林

290.下列哪种高树不是来自北美洲？

A. “王桉”

B.北美红杉

C.道格拉斯黄杉

291.北美红杉中仍健在的是哪一棵？

A.一棵高 156 米的红杉树

B.一棵高约 112 米的北美红杉树

C.一棵高 100 米的红杉树

292.澳大利亚杏仁桉的树叶为什么侧面朝上？

A.为了便于蒸发水分

B.为了多晒到阳光

C.为了适应环境，减少水分蒸发

293.净化室内空气，什么树木是首选？

A.槐树

B.红杉

C.红豆杉

294.下列哪个选项不是红豆杉的别称？

A. “不睡神”

B. “生命活化石”

C. “健康树”

295.红豆杉中提取的什么物质是目前抗癌防癌最有效的药物之一？

A.尼古丁

B.红杉素

C.紫杉醇

296.红豆杉可以释放什么气体净化空气？

A.正氧气体

B.负氧气体

C.零氧气体

297.木牙刷是怎么做成的？

A.工厂批量生产的

B.用仿木质塑料制成的

C.用阿洛树的树枝做成的

298.木牙刷上的“鬃毛”是哪儿来的？

A.人工安上去的

B.削成的

C.木片浸湿后自然形成的

299.为什么用木牙刷刷牙不用涂牙膏？

A.因为这种木头里含有氟

B.因为这种牙刷会起沫

C.这种木质内含大量皂质和薄荷油

300.下列哪一选项不对？

A.用阿洛树枝刷牙可以增强人体抵抗力

B.阿洛树具有药用功能

C.用阿洛树枝刷牙可以使牙齿雪白坚固

301.海盐盐场一般在哪儿？

A.海边

B.树上

C.山上

302.木盐树在中国的哪个地区可以见到？

A.海南地区

B.福建地区

C.东北地区

303.树木分泌盐分是由什么决定的？

A.土壤中的含盐量

B.树木身体内部进行的化学反应

C.天气的炎热程度

304.木盐树的树叶可以排出盐分吗？

A.不可以

B.可以

C.有的可以

305.下列哪一选项正确地描绘了“独树成岛”的情况？

A.是一棵树长年繁育形成

B.是人们种植出来的

C.是雌雄两树世世代代繁衍的结果

306.下列哪个景象是和榕树无关的？

A.独树成林

B.高耸入云

C.茎上生花

307.榕树的气根和枝干有什么关系？

A.没有任何关系

B.根和枝没有本质区别

C.枝上可以生根，根上不能生枝

308.长成“树岛”，需要榕树自身的条件是什么？

A.热带气候，水分充足

B.时间久远

C.气根发达

309.“马褂木”一名是怎么来的？

A.它的树冠很像马褂

B.它的树干很像马褂

C.它的树叶很像马褂

310.马褂木在秋季像一个什么样的马褂？

A.金红色

B.金绿色

C.金黄色

311.马褂木何以有“中国的郁金香树”之称？

A.它的树叶能发出郁金香的香味

B.它的花朵很像郁金香

C.这是一个误解

312.下列哪一选项不是马褂木木质的特点？

A.纹理直

B.易开裂

C.淡红褐色

313.长“翅膀”的树名字的由来是什么？

A.它的树枝上长着些木栓质薄膜，很像翅膀

B.它的树冠向两侧伸展，很像鸟的翅膀

C.它的叶片形状，类似鸟的翅膀

314.长“翅膀”的树的学名是什么？

A.翅松

B.翅桐

C.栓翅卫矛

315.栓翅卫矛的花骨朵有什么特点？

A.像粽子

B.像红豆沙馅的汤圆

C.像铃铛

316.栓翅卫矛的栓翅有什么功用？

A.煮水后服用可以帮助血液流通

B.煮水后可以帮助消食

C.可以用来制造牙刷

317.灯笼树什么时候开花？

A.春天

B.夏天

C.冬天

318.人们根据灯笼树的花朵外形，给它起了个什么名字？

A.杜鹃花

B.吊钟花

C.灯笼树

319.灯笼树的名字是怎么来的？

A.果实像灯笼

B.花朵像灯笼

C.叶子像灯笼

320.灯笼树的叶子有什么特点？

A.入秋后会变成黄色

B.入秋后会变成浓红色

C.叶子像小吊钟

321.龙血树主要生活在什么地带？

A.暖温带

B.热带

C.寒带

322.龙血树的叶片是什么样的？

A.又尖又长，像剑一样

B.心形的

C.圆形的

323.身为单子叶植物的龙血树何以长成乔木？

A.它自身发生了变异

B.人们利用基因技术对其进行了改造

C.它茎中的细胞能不断分裂，使茎逐年加粗木质化

324.龙血树是如何自我疗伤的？

A.用树叶将自己包裹起来

B.进入沉睡状态休养生息

C.分泌一种紫红色的树脂保护伤口

325.皂荚树上的果实是什么？

A.豆角

B.皂针

C.皂荚

326.为什么皂荚可以用于制造肥皂？

A.皂荚有清香

B.皂荚中含有皂素、生物碱

C.皂荚里含有胶，会起沫

327.用皂荚水浸洗银饰可以起到怎样的效果？

A.使银饰光洁

B.使银饰清香

C.使银饰变重

328.皂荚刺中含有的哪种成分具有很高的经济价值？

A.皂素

B.生物碱

C.皂荚苷

329.深圳塘朗山北坡的桫椤群落为何一直未被发现？

A.因为人们不认识

B.因为桫椤树被其他植物盖住了

C.因为塘朗山北坡平时人迹罕至

330.桫椤是哪个时期遗留下来的珍贵树种？

A.白垩纪时期

B.冰河时期

C.恐龙时代

331.桫椤树曾是哪种动物的主要食物之一？

A.考拉

B.熊猫

C.植食恐龙

332桫椤树为何有“活化石”之称？

A.桫椤树是人们从化石中找出种子种出来的

B.桫椤树其实是一种化石

C.桫椤树曾与恐龙同在，恐龙灭亡了，桫椤树却存活了下来

333.下列选项中，哪一个远古人未曾居住过？

A.洞穴中

B.树上

C.水里

334.下列哪项不是人类遭受野兽攻击的原因？

A.人类会钻木取火

B.人类不像野兽跑得快

C.不会飞到天空中去或是躲进水里

335.远古时代，人类为何无法防御野兽？

A.他们智力不够发达，不太会制造工具
B.他们想不起来
C.他们害怕

336.下列哪一选项不是树居人“巢”的好处？

A.安全
B.不透风不透雨
C.冬暖夏凉

337.多年以前主要是哪些人过圣诞节？

A.西方人
B.爱斯基摩人
C.东方人

338.传说中关于小男孩与圣诞树的故事发生在哪个国家？

A.美国
B.英国
C.德国

339.在关于小男孩与圣诞树的故事中是什么变成了圣诞树？

A.一根杉树枝
B.一根柏树枝
C.一根松树枝

340.人们在家中预备一棵圣诞树，以期望带来什么？

A.一个贫穷的孩子
B.幸福吉祥
C.秋天的收获

341.最能代表日本文化的是哪种植物？

A.兰花
B.芭蕉
C.樱花

342.下列哪一个不是樱花给人的感受？

A.刺鼻的香味
B.可口的味觉感受
C.视觉上美的享受

343.哪一种樱树可以做成各种樱花食品？

A.山高神代樱花树
B.八重关山樱
C.奈良三重樱

344.出于樱花情结，日本的许多庆典活动都放在什么时候举行？

A.春节
B.初秋
C.樱花盛开的时候

345.下列哪一选项不是橄榄果的作用？

A.食用
B.药用
C.吸附烟尘

346.橄榄油被喻为什么？

A.液体水晶
B.液体黄金
C.液体生命

347.第一届现代奥运会，冠军手持由橄榄叶织成的花冠象征什么？

A.希腊
B.胜利
C.烈火

348.2004年，雅典奥运会火炬的外形是什么？

A.橄榄枝花冠
B.卷起的橄榄叶
C.橄榄果

349.塞拉利昂那棵著名的木棉树长在什么地方？

A.山顶
B.面朝大西洋
C.弗里敦的市中心

350.塞拉利昂那棵著名的木棉树有多大年纪？

A.100岁
B.500岁
C.1000岁

351.这塞拉利昂那棵著名的木棉树下曾是做什么的场所？

A.黑奴交易
B.集市
C.作文比赛

352.下列哪一选项能体现塞拉利昂人对木棉树的喜爱？

A.用其木质做家具
B.小学生写作为多以“木棉树”为题
C.人们爱在木棉树下乘凉

353.银杏树叶是什么形状的？

A.扇形
B.圆形
C.心形

354.银杏树对研究什么有重要意义？

A.第一冰川纪

B.恐龙

C.第四冰川纪

355.下列哪一选项不是银杏树可作药用的部位？

A.叶片

B.树根

C.种子

356.银杏树何以从濒危植物名单中退出？

A.生态环境发生了变化

B.银杏树的生存能力提高了

C.人们对银杏树进行了精心保护

357.正文第21节中，爸爸对小槐树的贡献有哪些？

A.治病、除虫

B.摆小石凳

C.为小槐树撑出一片绿荫

358.正文第21节中，作者认为，爸爸做了什么“糊涂事”？

A.爸爸把小槐树挪到了院外

B.爸爸砍掉了小槐树

C.爸爸锯掉了好多小槐树的树枝

359.下列哪一选项，是冬天锯掉多余树枝的好处？

A.可以使树木保留更多有机物

B.更有利于树木的生长

C.可以使树木看起来光秃秃的

360.作者说来年夏天要在槐树下再放一个小石桌，是为了说明什么？

A.只有石凳没有石桌是不行的

B.大小石凳已经不能满足人们日益增长的生活需要

C.树木更好地生长可以提供更多阴凉

361.下列哪一选项不是植树造林的作用？

A.防风固沙

B.升高气温

C.保持水土

362.下列哪一选项对树根的描述是对的？

A.进行光合作用

B.喜光照

C.与树冠一样庞大

363.植树之前整地有什么好处？

A.防止种子被鸟吃掉

B.提高土壤含水量

C.提高树种的成活率

364.下列哪一选项不是种树的主要方法？

A.水培

B.播种

C.种树苗

365.马塔伊领导的“绿带运动”在非洲种了多少树？

A.1000 多万棵

B.3000 多棵

C.3000 多万棵

366.在哪一年，“绿带运动”得到了极大的发展？

A.1977 年

B.1986 年

C.2004 年

367.“绿带运动”的远景是什么？

A.建立一个富贵美满的社会

B.建立一个国家

C.建立一个人人自觉参与改善环境的社会

368.“绿带运动”利用什么作为突破口，唤醒民众自主、平等、和保护环境的意识？

A.织布

B.修路

C.植树

369.为什么春天种树最合适？

A.春天树木体力充沛，阳光雨水好

B.春天较为干旱

C.春天树木可以好好休眠

370.夏天为什么不适合种树？

A.天气热，树木没精神

B.雨水太少，供水不足

C.树木移栽后，蒸发太严重

371.秋天为什么不适合种树？

A.天气太热

B.刚种下，树木就要面对寒冬的考验

C.水分不足

**372.冬季为什么不适合种树？**

A.树木进入休眠期，保持自身生长都有困难

B.树叶没长出来，不能进行光合作用

C.冬天雨水多

**373.近代植树活动是由哪国发起的？**

A.中国

B.印度

C.美国

**374.谁提议在内布拉斯加州设立植树节？**

A.内布拉斯加州州长

B.美国总统

C.农学家莫尔顿

**375.世界林业节是哪一天？**

A.3 月 21 日

B.4 月 22 日

C.3 月 12 日

**376.缅甸的植树节称为什么？**

A.“植树月”

B.“全国树木日”

C.“植树周”

**377.发生森林火灾最主要的原因是什么？**

A.气温偏高

B.林下可燃物多

C.人为原因

**378.在遇到火灾险情时，应怎么做？**

A.尽快打水灭火

B.尽快报警

C.尽快逃跑

**379.扑救火灾的最佳时期是什么时候？**

A.火灾初发期

B.火灾蔓延期

C.起风的时候

**380.土掩法适合在什么时候使用？**

A.灭火之后

B.火势小的时候

C.火势大无法靠近的时候

**381.树干刷白的高度有没有讲究？**

A.把树干整个刷白

B.离地 5.1 米为佳

C.离地 1.5 米为佳

382.树干刷白通常在什么时候进行？

A.入春前
B.入冬前
C.入秋前

383.下列哪一项不是刷白树干的作用？

A.防虫
B.恶作剧
C.防冻

384.下列哪个不是“涂白剂”的原料？

A.生石灰
B.油脂
C.白糖

385.树木为何在冬天脱去绿装？

A.为了好看
B.为了保存水分，节省养料
C.为了映衬冬天萧瑟的景象

386.下列哪一选项不是对新栽树木的保护方法？

A.用防寒泡沫或者厚尼龙布包上树干和较大的枝
B.剪掉地面以上的部分
C.浇足水，封好树根

387.对于高大的树木，可以做什么样的处理？

A.直接在树干上绑上草席或缠上稻草
B.搬进室内
C.去掉地面以上 20 ~ 30 厘米处的部分

388.不能搬进温室的树木，该怎么办？

A.用皮草包裹
B.用塑料膜罩
C.放阳光下

很多动物都喜欢在树木主干的松软处挖出树洞作为自己的家。当然，它们在选择树木时，会根据自己的个头挑选合适的树木。

葡萄酒瓶口都有多孔的软木塞，这种“软木”的原材料是葡萄牙软木橡树的树皮，而不是所谓的“软木”木材。

| 001 | 002 | 003 | 004 | 005 | 006 | 007 | 008 | 009 | 010 | 011 | 012 | 013 | 014 | 015 | 016 |
|---|---|---|---|---|---|---|---|---|---|---|---|---|---|---|---|
| B | B | A | B | C | A | C | C | C | A | B | C | A | B | B | C |
| 017 | 018 | 019 | 020 | 021 | 022 | 023 | 024 | 025 | 026 | 027 | 028 | 029 | 030 | 031 | 032 |
| B | B | B | C | A | C | C | C | C | A | B | A | A | B | B | A |
| 033 | 034 | 035 | 036 | 037 | 038 | 039 | 040 | 041 | 042 | 043 | 044 | 045 | 046 | 047 | 048 |
| B | B | A | A | C | B | B | A | B | A | B | C | C | B | A | A |
| 049 | 050 | 051 | 052 | 053 | 054 | 055 | 056 | 057 | 058 | 059 | 060 | 061 | 062 | 063 | 064 |
| A | B | B | B | A | B | B | C | A | B | C | B | B | A | C | B |
| 065 | 066 | 067 | 068 | 069 | 070 | 071 | 072 | 073 | 074 | 075 | 076 | 077 | 078 | 079 | 080 |
| C | A | B | C | C | B | A | A | B | A | C | B | B | A | A | C |
| 081 | 082 | 083 | 084 | 085 | 086 | 087 | 088 | 089 | 090 | 091 | 092 | 093 | 094 | 095 | 096 |
| A | A | A | C | C | B | B | C | C | A | C | B | C | B | A | B |
| 097 | 098 | 099 | 100 | 101 | 102 | 103 | 104 | 105 | 106 | 107 | 108 | 109 | 110 | 111 | 112 |
| A | A | C | B | A | A | B | C | B | A | C | A | C | B | A | B |
| 113 | 114 | 115 | 116 | 117 | 118 | 119 | 120 | 121 | 122 | 123 | 124 | 125 | 126 | 127 | 128 |
| B | A | B | B | A | A | B | C | C | C | A | A | A | B | A | C |
| 129 | 130 | 131 | 132 | 133 | 134 | 135 | 136 | 137 | 138 | 139 | 140 | 141 | 142 | 143 | 144 |
| B | C | A | C | A | C | B | C | B | A | C | C | B | B | A | A |
| 145 | 146 | 147 | 148 | 149 | 150 | 151 | 152 | 153 | 154 | 155 | 156 | 157 | 158 | 159 | 160 |
| C | A | C | C | B | A | B | A | A | C | A | B | B | B | A | C |
| 161 | 162 | 163 | 164 | 165 | 166 | 167 | 168 | 169 | 170 | 171 | 172 | 173 | 174 | 175 | 176 |
| C | A | A | B | C | A | B | A | B | B | A | B | C | A | C | B |
| 177 | 178 | 179 | 180 | 181 | 182 | 183 | 184 | 185 | 186 | 187 | 188 | 189 | 190 | 191 | 192 |
| B | A | A | C | A | A | B | C | C | A | A | B | A | B | A | A |
| 193 | 194 | 195 | 196 | 197 | 198 | 199 | 200 | 201 | 202 | 203 | 204 | 205 | 206 | 207 | 208 |
| A | B | A | C | C | C | B | B | A | C | C | B | A | B | C | C |
| 209 | 210 | 211 | 212 | 213 | 214 | 215 | 216 | 217 | 218 | 219 | 220 | 221 | 222 | 223 | 224 |
| A | C | B | C | A | A | B | C | B | A | A | C | A | C | A | C |
| 225 | 226 | 227 | 228 | 229 | 230 | 231 | 232 | 233 | 234 | 235 | 236 | 237 | 238 | 239 | 240 |
| B | C | A | A | C | A | A | C | A | B | A | C | B | C | C | B |
| 241 | 242 | 243 | 244 | 245 | 246 | 247 | 248 | 249 | 250 | 251 | 252 | 253 | 254 | 255 | 256 |
| C | C | A | A | B | B | A | B | B | A | C | B | B | C | B | C |
| 257 | 258 | 259 | 260 | 261 | 262 | 263 | 264 | 265 | 266 | 267 | 268 | 269 | 270 | 271 | 272 |
| B | A | B | A | C | A | C | C | C | C | A | B | B | A | A | B |
| 273 | 274 | 275 | 276 | 277 | 278 | 279 | 280 | 281 | 282 | 283 | 284 | 285 | 286 | 287 | 288 |
| C | A | A | B | C | B | A | B | A | C | B | B | B | A | B | A |
| 289 | 290 | 291 | 292 | 293 | 294 | 295 | 296 | 297 | 298 | 299 | 300 | 301 | 302 | 303 | 304 |
| B | A | B | C | C | A | C | B | C | C | C | A | A | C | A | B |
| 305 | 306 | 307 | 308 | 309 | 310 | 311 | 312 | 313 | 314 | 315 | 316 | 317 | 318 | 319 | 320 |
| A | B | B | C | C | C | B | B | A | C | B | A | B | B | A | B |
| 321 | 322 | 323 | 324 | 325 | 326 | 327 | 328 | 329 | 330 | 331 | 332 | 333 | 334 | 335 | 336 |
| B | A | C | C | C | B | A | C | C | A | C | C | C | A | A | C |
| 337 | 338 | 339 | 340 | 341 | 342 | 343 | 344 | 345 | 346 | 347 | 348 | 349 | 350 | 351 | 352 |
| A | C | A | B | C | A | B | C | C | B | B | B | C | B | A | B |
| 353 | 354 | 355 | 356 | 357 | 358 | 359 | 360 | 361 | 362 | 363 | 364 | 365 | 366 | 367 | 368 |
| A | C | B | C | A | C | B | C | B | C | C | A | C | B | C | C |
| 369 | 370 | 371 | 372 | 373 | 374 | 375 | 376 | 377 | 378 | 379 | 380 | 381 | 382 | 383 | 384 |
| A | C | B | A | C | C | A | A | C | B | A | A | C | B | B | C |
| 385 | 386 | 387 | 388 | | | | | | | | | | | | |
| B | B | A | B | | | | | | | | | | | | |

Mr. Know All

从这里，发现更宽广的世界……

Mr. Know All

小书虫读科学